海洋工程概论

孙丽萍 艾尚茂 编著

哈爾濱工程大學出版社

内容简介

本书主要围绕深海油气资源开发勘探及生产装备的组成、特点及关键系统进行了论述，主要内容包括 8 个部分：海洋平台的国内外发展历程、平台的作业环境载荷、钻井船及钻井平台等浮式钻井装备、深水浮式生产平台、平台作业的关键系统——立管系统、保证平台作业的锚泊定位系统、保证平台作业的动力定位系统、海上施工辅助作业船。

本书可作为船舶与海洋工程专业学生的参考书，也可供海洋工程技术有关人员参考。

图书在版编目(CIP)数据

海洋工程概论/孙丽萍,艾尚茂编著. —哈尔滨：
哈尔滨工程大学出版社,2017.3(2025.1 重印)
 ISBN 978 – 7 – 5661 – 1432 – 7

Ⅰ.①海⋯ Ⅱ.①孙⋯ ②艾⋯ Ⅲ.①海洋工程—概论 Ⅳ.①P75

中国版本图书馆 CIP 数据核字(2016)第 320023 号

选题策划	史大伟
责任编辑	邹临怡
封面设计	恒润设计

出版发行	哈尔滨工程大学出版社
社　　址	哈尔滨市南岗区南通大街 145 号
邮政编码	150001
发行电话	0451 – 82519328
传　　真	0451 – 82519699
经　　销	新华书店
印　　刷	哈尔滨午阳印刷有限公司
开　　本	787 mm×1 092 mm　1/16
印　　张	11.25
字　　数	296 千字
版　　次	2017 年 3 月第 1 版
印　　次	2025 年 1 月第 5 次印刷
定　　价	26.00 元

http://www.hrbeupress.com
E-mail:heupress@ hrbeu.edu.cn

前　言

  浩瀚的海洋蕴藏着丰富的资源，主要包括海洋矿产资源、海洋可再生能源、海洋化学资源、海洋生物资源和海洋空间资源等。紧密围绕海洋资源开发，大力发展海洋工程装备制造业，对于我国开发利用海洋、提高海洋产业综合竞争力、带动相关产业发展、建设海洋强国、推进国民经济转型升级具有重要的战略意义。

  海洋工程装备是人类开发、利用和保护海洋活动中使用的各类装备的总称，是海洋经济发展的前提和基础，处于海洋产业价值链的核心环节。本书主要介绍我国海洋平台的发展历程和海洋环境对平台的作用，重点介绍各类用于深水开发的浮式钻井平台和生产平台的结构组成和特点，同时介绍浮式平台的关键系统：立管系统、锚泊定位系统、动力定位。此外还介绍了几种主要的海洋工程辅助船舶。

  全书共 8 章，其中第 4~7 章由孙丽萍编写，第 1~3 章和第 8 章由艾尚茂编写。

  本书是为船舶与海洋工程专业本科教学编写的，也可供海洋平台设计及有关人员参考。

编著者

2017 年 1 月

目 录

第1章　绪论 …………………………………………………………………… 1
　1.1　海洋油气开发历史 ……………………………………………………… 1
　1.2　离岸平台的发展历程 …………………………………………………… 2
　1.3　我国的海洋平台发展历程 ……………………………………………… 10

第2章　海洋环境 ……………………………………………………………… 18
　2.1　海底地貌与工程地质 …………………………………………………… 18
　2.2　海风 ……………………………………………………………………… 21
　2.3　海浪 ……………………………………………………………………… 25
　2.4　海流 ……………………………………………………………………… 30
　2.5　内波 ……………………………………………………………………… 31
　2.6　海冰 ……………………………………………………………………… 33

第3章　浮式钻井装备 ………………………………………………………… 39
　3.1　概述 ……………………………………………………………………… 39
　3.2　钻井船 …………………………………………………………………… 40
　3.3　钻井平台 ………………………………………………………………… 43
　3.4　新概念钻井平台 ………………………………………………………… 46

第4章　浮式生产平台 ………………………………………………………… 52
　4.1　概述 ……………………………………………………………………… 52
　4.2　半潜式生产平台 ………………………………………………………… 53
　4.3　张力腿平台 ……………………………………………………………… 55
　4.4　Spar 平台 ………………………………………………………………… 67
　4.5　浮式生产储油装置（FPSO）…………………………………………… 74

第5章　平台立管系统 ………………………………………………………… 78
　5.1　概述 ……………………………………………………………………… 78
　5.2　钻井立管 ………………………………………………………………… 84
　5.3　生产立管 ………………………………………………………………… 90
　5.4　涡激振动（VIV）………………………………………………………… 103
　5.5　VIV 抑制装置 …………………………………………………………… 108

第6章　平台系泊定位系统 …………………………………………………… 112
　6.1　系泊设计分析方法及规范 ……………………………………………… 112
　6.2　系泊系统静力分析 ……………………………………………………… 117

6.3 系泊系统动力分析 ·· 119
6.4 锚的设计与选型 ·· 125
第 7 章 动力定位系统 ·· 131
7.1 概述 ·· 131
7.2 动力定位系统的组成 ·· 132
7.3 动力定位能力分析 ·· 134
7.4 动力定位系统的可靠性与分级 ·· 143
7.5 动力定位系统的应用 ·· 145
第 8 章 海洋工程辅助船 ·· 148
8.1 勘探船 ·· 148
8.2 起重船 ·· 150
8.3 半潜运输船 ·· 155
8.4 铺管船 ·· 163
8.5 三用工作船（AHTS） ·· 165
8.6 平台供应船（PSV） ·· 168
参考文献 ·· 170

第1章 绪　　论

1.1　海洋油气开发历史

　　世界海洋油气资源勘探开发的历程比较曲折,主要经历了从浅水到深海,从简单到复杂的过程。全球海洋油气资源有将近三分之一蕴藏在海洋深处,可以说海洋油气资源十分丰富。在21世纪,海洋油气资源的开发勘探对于各国的经济发展甚至对全球的经济发展都有着重要的意义。而海洋同时被誉为"蓝色国土",在当今社会"谁拥有海洋,谁就拥有未来"已经成为世界各国的广泛共识。因此世界各国对海洋油气资源的勘探开发非常重视,希望能够开发利用海洋油气资源,满足各行各业所需原料的能源需求。

　　世界近海石油勘探起始于20世纪40年代,随着海洋装备与技术发展,在过去几十年里石油工业实现了从陆上到内陆水域再到近海、深海的不断扩张。1950年驳船首次用于近海勘探,1956年出现了深水钻井船。20世纪80年代,在800 ft①(244 m)水深勘探就算深水;如今,1 500 ft(458 m)也不过是浅水,深水要到1 500至7 000 ft(458~2 135 m),比7 000 ft(2 135 m)更深才算超深水。迄今在浅水区钻勘探井约17 700口,获新发现油田2 500个。深水区勘探在20世纪70年代末才开始,钻井约2 000口,新发现油田约400个。在浅水区,近25年的勘探井数保持在每年约500口,深水区钻井数自1997年起逐步增加,现在每年要超过100口。近25年,每年获得的新发现近海油田平均约80个,成功率超过30%。

　　纵观海洋石油发现历程大致可分为3个勘探阶段。

　　第一阶段为1940年至1972年。在此期间,美国墨西哥湾于1947年发现第一个近海油田,在波斯湾发现了第一批超大油田,在西非获得了第一个海上发现,后期在北海获得了巨大油田发现。另有2个重大发现分别在澳大利亚和中国。这个阶段总共发现石油1 980亿桶,年均获得发现83亿桶,发现规模平均7.7亿桶。

　　第二阶段为1973年至1990年,北海、墨西哥、里海、俄罗斯/北极在此期间都有重大发现。美国墨西哥湾和巴西先后于1983年和1984年发现了本区的第一个深水大油田;而印度和加拿大也在近海各获得一个重大发现,西非、亚洲/澳大利亚地区、美国墨西哥湾浅区继续有所发现。在这个阶段,石油发现总计达1 710亿桶,年均95亿桶,平均规模为1.35亿桶。

　　第三阶段为1991年至今。在此期间,巴西、安哥拉、尼日利亚、美国墨西哥湾4个主要地区均找到深水重大发现,在北海、里海、中国也有几个重大发现,亚洲、澳大利亚、西非浅水区、波斯湾的发现规模较小。在此阶段,石油发现总计1 210亿桶,年均发现80亿桶,发现平均规模1.16亿桶。其中,深水和超深水发现440亿桶,年均30亿桶。

　　目前,世界海洋油气资源的勘探主要形成了由南美洲巴西、中美墨西哥湾和西非三个地区构成的深海油气勘探的"金三角",特别是在巴西近海、美国墨西哥湾、安哥拉和尼日利

---

① 1英尺(ft)=0.304 8米(m)

亚近海,几乎集中了世界全部深海钻探井和新发现储量。从近十年来海洋油气资源勘探的资料来看,目前世界海洋油气资源勘探最典型的特征是不均匀性。首先,大型油气田的分布不均匀,当前海洋油气勘探效益较好的地区主要位于大西洋两侧系列盆地群,如墨西哥湾北部、巴西东南部和西非三大深水区的近10个盆地中,80%以上都分布在美国、巴西、尼日利亚、安哥拉、澳大利亚及挪威等六个国家,而其他国家则分布的较少。其次,油和气地理分布不均匀,石油储量主要分布在墨西哥湾、巴西和西非深水海域,天然气则集中分布在东南亚、地中海、挪威海以及澳大利亚西北陆架等地区。

2005年波斯湾/中东地区坐上世界海洋石油生产的头把交椅,其后依次是北海、西非、墨西哥湾、澳大利亚、巴西、中国、里海和俄罗斯/北极等地区。在近海石油总产量中,浅水地区产量2 030万桶/日,深水地区达350万桶/日,其他如天然气液产量总计有160万桶/日,主要产自浅水区。与陆上原油生产不同的是,海洋石油生产没有经历过大幅下降,这些年一直稳步发展,而陆上原油生产在近20多年基本保持在一个平台上,海洋石油已经成为世界石油生产增长的主要来源。到20世纪60年代产量不过100万桶/日,而到2005年已接近2 500万桶/日,占世界原油产量近三分之一。

1.2 离岸平台的发展历程

海洋钻井平台产生至今不到两百年,它发展快、变化大。以材料论,从木质平台发展到钢制平台;以类型论,先后出现固定式平台和移动式平台两大类,而移动式平台又随着海洋油气开发的蓬勃兴起,海洋钻探要求的不断提高,出现了坐底式、自升式、船式、半潜式、浮式生产储卸装置(FPSO)这几种主要类型,以及现在新兴的张力腿、浮式钻井生产储卸装置(FPSO)、液化天然气浮式生产储卸装置(LNG – FPSO)、深吃水式平台(Spar);以功能论,可分为钻井平台、生产平台、储油平台和生活平台。海洋钻井平台的诞生比其他海洋船舶晚得多,它在海洋开发中起着其他海洋船舶所不能起的重要作用,但是它的产生和发展仍然同其他船舶一样,遵循着从无到有,从低级到高级的共同发展规律。图1.1基本包括了所有的海洋平台类型。

在1911年,世界上第一座固定平台钻井装置,竖立在美国路易斯安那州的卡多湖上。继1930年美国在墨西哥湾从陆地用斜井钻探海底油田后,为了到近海钻探石油,1938年在墨西哥湾首次用栈桥式固定平台钻井采油。1947平台材料来了一个飞跃,美国在墨西哥湾水深6 m处第一次用钢结构建造固定平台,这就是我们熟知的导管架平台,如图1.2和图1.3所示。导管架平台可以看作最原始、最直接的将钻井设备与海底连接起来的措施。钢桩穿过导管打入海底,并由若干根导管组合成导管架,适用于浅近海。导管架先在陆地预制好后,拖运到海上安装就位,然后顺着导管打桩,桩是打一节接一节的,最后在桩与导管之间的环形空隙里灌入水泥浆,使桩与导管连成一体固定于海底。平台设于导管架的顶部,高于作业区的波高,具体高度需视当地的海况而定,一般大约高出4~5 m,这样可避免波浪的冲击。导管架平台的整体结构刚性大,适用于各种土质,是目前最主要的固定式平台,但其尺度和质量随水深增加而急骤增加,所以在深水中的经济性较差。导管架平台还有一个缺点,一旦安装完成就无法移动,如果钻不到油气,建造的固定结构拆除搬迁时,是非常不经济的。

图1.1 各种类型的海洋平台

图1.2 导管架平台

随着近海大陆架的开发,在1933年,设计建造的"盖娜松号"成为业主建造的首座坐底式钻井平台。1932年,美国德克萨斯公司钻井驳船"麦克布雷德号"用数只锚定位在路易桑纳州"花园岛"首次浮船钻井,但由于船上钻井器材太重而坐到海底,因而产生坐底式钻井平台构想。坐底式钻井平台是早期在浅水区域作业的一种移动式钻井平台,如图1.4所示。平台分本体与下体(浮箱),由若干立柱连接平台本体与下体,平台上设置钻井设备工作场所、储藏与生活舱室等。钻井前在下体中灌入压载水使之沉底,下体在坐底时支承平台的全部质量,而此时平台本体仍需高出水面,不受波浪冲击。在移动时,将下体排水上浮,提供平台所需的全部浮力。坐底式的工作水深比较小,越深则所需的立柱越长,结构越重,而且立柱在拖航时升起太高,容易产生事故。由于坐底式平台的工作水深不能调节,已日渐趋于淘汰。

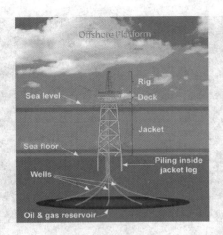

图1.3 导管架平台组成示意图

图1.4 坐底式平台

坐底式平台虽然能移动,但还是到不了更深的地方。为了适应较深的海底油田钻探,进一步增加钻井平台的机动性,克服坐底式平台的弱点,紧接着在1954年,J. Ray Mc Dermott公司建造了第一艘采用气动机械升降、可移动的自升式石油钻井平台。最初的自升式平台是在固定平台上使平台部分升降,以后又发展到坐底式平台上,使船上的固定平台变成可升降的,再发展到现在的自升式平台(图1.5)。

自升式钻井平台是由一个上层平台和数个能够升降的桩腿所组成的海上平台。这些可升降的桩腿能将平台升到海面以上一定高度,支撑整个平台在海上进行钻井作业。这种平台既要满足拖航移位时的浮性、稳性方面的要求,又要满足作业时着底稳性和强度的要求,以及升降平台和升降桩腿的要求。由于自升式平台可适用于不同海底土壤条件和较大的水深范围,移位灵活方便,便于建造,因而得到了广泛的应用。目前,在海上移动式钻井平台中它仍占绝大多数。

图 1.5　自升式平台

海上钻井的活动一般来说总是沿着由浅水朝深水发展的方向。为了适应较大水深进行勘探,不能靠无限延长自升式平台桩腿的长度,因为当桩腿的长度超过一定限度,其结构、强度和船的稳性都会发生问题。

鉴于解决这方面矛盾的需要,20 世纪 50 年代初产生了全浮式钻探船。在 1955 年,由 YF 型供应驳船改装的钻井浮船"卡斯 1 号"和具有中心船井的钻井驳船"西方勘探者号"诞生。当时为了以最快的速度投入海洋地质勘探,将现役的船进行改造,装上钻井设备等,开始建造专用的钻探船。它一般是由一个单体、双体或三体式的船型船构成,并设计或改装成在漂浮状态下能进行钻井工作的钻探装置,通常它具有推进器。没有推进器的船称为钻井驳船,如图 1.6 所示,和普通船舶不同,在该船的中心处有一个整个船体的开口(称井口),以便于钻探作业,船上设有井架以及其他钻探用的设备,钻探船靠抛锚定位或动力定位,或混合使用两种定位方法,保证船位固定。钻探船最突出的优点是它的机动性较高,能适应较大的水深,有利于扩大海上作业的范围,它能利用旧船进行改装,这样既便于建造和维修又节省建造时间和费用。当然,其受风浪影响大、稳定性差等特点也对其作业环境提出了一些要求。

为了更好地开发海洋油气资源,海洋钻井平台必须提高抵抗海洋中狂风恶浪等猛力袭击的能力,1962 年,第一艘半潜式钻井平台"碧水 1 号"投入使用,半潜式钻井平台的产生适应了海洋开发事业发展的需要。

半潜式平台设计是根据几十年前就有的 SWPATH(Small Water Plane Area Twin Hull 的缩写)船型发展而来的,如图 1.7 所示。它也起源于坐底式钻井平台,当立柱稳定式坐底式平台放到水中,而不是坐在海底,这就是半潜式平台,它在浅海可以坐底,到深海就处于半潜状态。半潜式平台是大部分浮体沉没于水中的一种小水线面的移动式平台,由平台本体、立柱和下体或浮箱组成。此外,在下体与下体、立柱与立柱、立柱与平台本体之间还有一些支撑与斜撑连接,在下体间的连接支撑一般都设在下体的上方,这样当平台移位时,可使它位于水线之上,以减小阻力;平台上设有钻井机械设备、器材和生活舱室等,以供钻井

图1.6 钻井船

工作使用。平台本体高出水面一定高度,以免波浪的冲击。下体或浮箱提供主要浮力,沉没于水下以减小波浪的扰动力。平台本体与下体之间连接的立柱,具有小水线面的剖面,主柱与主柱之间相隔适当距离,以保证平台的稳性,所以又有立柱稳定式之称。半潜式平台已经成为海洋钻井平台的主要发展方向。到目前为止,半潜式钻井平台已经经历了第一代到第六代的发展历程。

图1.7 半潜式平台

随着海洋油气田的开发、生产向深海不断推进,FPSO 就出现了,如图 1.8 所示。1976 年壳牌石油公司用一艘 59 000 t 的旧油轮改装成了世界上第一艘 FPSO,1977 年应用在地中海卡斯特利翁油田(西班牙近海)。由于 FPSO 相对于其他平台,具有储油多、投资省、可转移等优点,所以得到迅速发展。

FPSO 外形类似油船,但其复杂程度要远远高于油船,涉及的复杂系统包括二十几个大类,如单点锚泊系统、动力定位系统、油气处理系统、废水处理系统、注水处理系统和直升机起降系统等,这类系统在运动型船中很少遇到。

FPSO 的主要特点为机动性和运移性好,具有适应深水采油(与海底完井系统组合)的能力、在深水域中较大的抗风浪能力、大产量的油气水生产处理能力和大的原油储存能力。FPSO 可以与导管架井口平台组合,也可以与自升式钻采平台组合成为完整的海上采油、油气处理和储油、卸油系统,但更主要的是用于深水采油,与海底采油系统(包括海底采油树、海底注水井、海底管汇等)和穿梭油轮组合成为完整的深水采油、油气处理、原油储存和卸油系统。

图 1.8　FPSO

在 FPSO 基础上,发展起来了另外一种新型的可在深水油田应用的集钻井、生产和储卸油功能于一体的浮式装置,即 FDPSO,它在 FPSO 上扩展增加了钻井功能。FDPSO 的概念是20 世纪末在巴西国家石油公司的 PROCAP3000 项目中最先被提出的,随后围绕着 FDPSO 还发展出隐藏式立管浮箱、张力腿甲板等技术,但是直到 2009 年,世界上第一座 FDPSO 才在非洲 Azurite 油田投入使用,该 FDPSO 为旧油轮改造而成。FDPSO 的应用刚刚开始,其应用模式还在探索中。

由于石油能源紧缺,全球天然气需求的增长势头将超过石油。LNG - FPSO(液化天然气浮式生产储卸装置)是世界海上油气开发的新技术,由于经济效益和这种设备的可利用性,同时采用这些设施可以使大量难以开采的气田得以开发,图 1.9 所示为 LNG - FPSO。从 20 世纪 70 年代早期开始,有关海上 LNG 生产的研究已经展开。1976 年,从壳牌石油公司首次引入 FPSO 的概念,到 20 世纪 90 年代 FPSO 技术已经成熟,而且在世界各地已经建成了大量的石油 FPSO 设施。目前,FPSO 已经成为海上油气田开发的主力军,海上生产时LNG 储存也需要特殊的储存系统。

图1.9 LNG–FPSO

多年来,大量的研究人员和组织机构一直致力于 LNG–FPSO 项目的研究,BHP–billiton(from Australia)是较早进行海上天然气液化研究者之一。LNG–FPSO 是指由外部单点系泊系统将船体定位在海上,并配有天然气液化、储存等整套加工设备的浮式装置。LNG–FPSO 是一种具有新型边际油气田开发技术的现代化装备,集生产、储存、装运、接收、利用、卸载等功能模块于一体,简化了边际气田的开发过程。其投资低、建设周期短、便于迁移的优点使其备受青睐。目前,世界上还没有 LNG–FPSO 正式投入运营,但围绕着设计建造世界首艘 FLNG,多家船东、船厂、船级社、关键设备和系统供应商开始了竞争,并进而组成了多个研发联盟。

海洋平台主要分钻井平台和生产平台两大类。在深海,半潜式平台主要用作钻井,生产平台就主要靠张力腿平台(TLP)了,如图 1.10 所示。随着海洋开发逐渐向深海发展,张力腿平台的优点是很明显的。张力腿平台所用缆索因是柔性的,这就允许平台产生一定的位移,因而可减小结构内力,同时抵抗风、浪、流恶劣环境的能力增强了。实践证明,固定平台的造价随水深的增加呈指数增长,这就限制了固定平台在更深水域的应用,而张力腿平台则较好地解决了这一矛盾,在技术上、经济上都较合理。1984 年 8 月,世界上第一座张力腿平台在英国北海 Hutton 油田投入使用,标志着这种平台的技术成熟和实用化。

张力腿式平台利用绷紧状态下的锚索链产生的拉力与平台的剩余浮力相平衡。一般来说,半潜式平台的锚泊定位系统,都是利用锚索的悬垂曲线的位能变化来吸收平台在波浪中动能的变化。悬垂曲线链的特征之一是链的下端必须与水底相切,以保证锚柄不会从水底抬起,这样就可保证锚的抓力。张力腿式平台也是采用锚泊定位的,但与一般半潜式平台不同,其所用锚索是绷紧成直线的,不是悬垂曲线的,钢索的下端与水底不是相切的,而是几乎垂直的。用的锚是桩锚(打入水底的桩作为锚用),或重力式锚(重块)等,而不是一般容易起出的转爪锚。张力腿式平台的重力小于浮力,所相差的力可依靠锚索向下的拉力来补偿,且此拉力应大于波浪产生的力,使锚索上经常有向下的拉力,起着绷紧平台的作用。简单说,张力腿平台就像一个气球,把绳子拴在海底,它就不随便跑了。第一代张力腿

图 1.10　张力腿平台

平台其实就是从半潜式平台发展过来的,差别在于:张力腿平台的甲板一般呈正方形,半潜式平台一般呈长方形。张力腿平台的浮箱要相互连通,半潜式平台的浮箱可不连通。第二代张力腿平台则包括海星式 TLP、最小化 TLP 和延伸 TLP,其中海星式 TLP 和最小化 TLP 又称为迷你式 TLP。

最后就是 Spar 平台了,它应用于海洋开发已经超过 30 年的历史,但在 1987 年以前,Spar 平台主要是作为辅助系统而不是直接的生产系统,1987 年 Edward E. Horton 在柱形浮标和张力腿平台概念的基础上提出了用于深水生产的 Spar 平台概念。1996 年世界上第一座 Spar 平台问世,作业于墨西哥湾 588 m 水深海域的 Neptune 油田。到目前为止 Spar 平台本身的发展也经历了三个过程:传统 Spar 平台(Classic Spar)、桁架式 Spar 平台(Truss Spar)和多柱式 Spar 平台(Cell Spar)(蜂巢型),已经发展到第三代,如图 1.11 和图 1.12 所示。

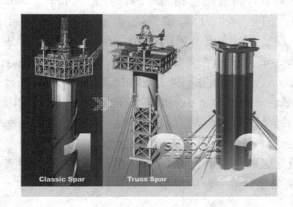

图 1.11　Spar 平台发展三阶段

图 1.12　Spar 平台

Spar 的理念源自于浮标,实际上它结构的大部分都是浮筒。主体是单圆柱结构,垂直悬浮于水中,特别适宜于深水作业,在深水环境中运动稳定、安全性良好。主体可分为几个部分,有的部分为全封闭式结构,有的部分为开放式结构,但各部分的横截面都具有相同的直径。由于主体吃水很深,平台的垂荡和纵荡运动幅度很小,使得 Spar 平台能够安装刚性的垂直立管系统,承担钻探、生产和油气输出工作。总的来说,Spar 平台是目前深海采油平台中较为经济,发展潜力较大的一种。Spar 平台经过十几年的发展,已经从第一代 Classic Spar 发展到第三代 Cell Spar。而今后,Spar 平台将朝着深水作业化,功能多元化,形式多样化,地域扩大化等方面发展。

1.3 我国的海洋平台发展历程

自从 1966 年我国在渤海建成第一座钢质导管架平台以来,我国的海洋平台大体上经历了从浅水向深水,从固定式到移动式,从简单到复杂,从低级到高级的发展历程;先后设计制造了导管架平台、坐底式平台、自升式平台、半潜式平台和浮式生产储卸油装置(FPSO)。下面分别介绍我国各种海洋平台的发展历程。

导管架平台又称桩式平台,是由打入海底的桩柱来支承整个平台,能经受风、浪、流等外力作用。导管架平台主要分三部分:导管架、桩、上部模块。导管架先在陆地预制好后,拖运到海上安装就位,然后顺着导管打桩,桩是打一节接一节的,最后在桩与导管之间的环形空隙里灌入水泥浆,使桩与导管连成一体固定于海底。平台设于导管架的顶部,高于作业区的波高,具体高度须视当地的海况而定,这样可避免波浪的冲击。导管架平台的整体结构刚性大,适用于各种土质,是目前最主要的固定式平台。但其尺度和质量随水深增加而急骤增加,所以在深水中的经济性较差。导管架平台使用水深一般小于 300 m,世界上大于 300 m 水深的导管架平台仅 7 座。目前最大的导管架平台是安装在墨西哥湾水深为 610 m 的导管架平台。

我国第一座导管架平台于 1966 年 12 月在渤海湾成功安装,作为海上钻井装置载入我国海洋油气田开发史册。此后,我国导管架平台经过 40 多年的发展,先后在渤海湾水深 6~25 m 范围设计和安装了 100 多座导管架平台。1986 年 3 月,渤海石油公司为南海成功地制造了井口导管架平台,标志着我国导管架平台制造已达到当时的世界先进水平。2002 年 10 月,胜利油田与美国 EDC 公司合作建造的集采油、注水、油气处理、油气集输、修井于一体的大型综合性平台顺利安装成功,该平台是胜利油田海域所建造的最大的一座导管架平台。2008 年 4 月,中海油海洋石油工程股份有限公司在青岛海工基地,完成了自主设计建造的番禺 30-1 导管架平台(图 1.13),该导管架平台为 8 腿 12 裙桩、高 212.32 m,平台重 16 213 t,是当时亚洲最大最重的导管架平台。2013 年 5 月,由海洋石油工程(青岛)有限公司历时 21 个月建造的荔湾 3-1 导管架平台(图 1.14)是我国自主研发、亚洲最大的深海油气平台,属于天然气综合处理平台,该平台浮托重达到 3.2×10^4 t。荔湾 3-1 导管架平台上有三层主甲板,全部为钢结构建筑。最上层平台主甲板长 107 m、宽 77 m,主甲板距离地面有 41 m。目前我国已具备独立设计、制造导管架平台的技术。

图 1.13　番禺 30-1 导管架平台

图 1.14　荔湾 3-1 导管架平台

坐底式钻井平台是早期在浅水区域作业的一种移动式钻井平台。平台分本体与下体(浮箱),由若干立柱连接平台本体与下体,平台上设置钻井设备、工作场所、储藏与生活舱室等。钻井前在下体中灌入压载水使之沉底,下体坐底时支承平台的全部质量,而此时平台本体仍需高出水面,不受波浪冲击。在移动时,将下体排水上浮,提供平台所需的全部浮力。坐底式的工作水深比较小,越深则所需的立柱越长,结构越重,而且立柱在拖航时升起太高,容易产生事故。由于坐底式平台的工作水深不能调节,而且也受到海底基础的制约,已日渐趋于淘汰。

由于我国有大片的浅水及海滩地区需要勘探开发,在所采用的钻井设备中,坐底式平台(图 1.15)占有重要的地位。1972 年,由渤海石油公司设计制造了我国第一座坐底式平台——"海五"平台,其工作水深为 14~16 m。1979 年,建成并投入使用的"胜利一号"坐底式平台是我国设计、制造的,作业水深范围为 2~5 m。此后又建成了"胜利二号""胜利三号""胜利四号"和"中油海 3 号"等坐底式钻井平台。

图 1.15　坐底式平台

重力式平台属于固定式平台。它一般都是钢筋混凝土结构,作为采油、储油和处理的大型多用途平台。这种平台的底部通常是一个巨大的混凝土基础,用三个或四个空心的混凝土立柱支撑着甲板结构,在平台底部的巨大基础上被分割为许多圆筒形的储油舱和压载舱,这种平台的质量可达数十万吨,正是依靠自身的巨大质量,平台直接稳定在海底。

20世纪70年代末,我国对混凝土重力式平台进行了大量的方案设计和试验研究,取得了许多宝贵的技术成果。1997年中国海洋石油渤海公司与大学合作研究设计了针对渤海水深20 m左右的海域的多功能四罐四柱钢筋混凝土重力式平台方案;1998年提出了一种轻骨料混凝土与钢组合平台,并随后进行了混凝土罐体模型的试验研究。针对渤海的环境条件和边际油田的特点,中国海洋石油总公司组织国内有关单位提出了介于重力式平台浅基础和导管架桩基础之间的一种平台新型基础结构形式,并开展了采用这种新型基础的平台的试验和理论研究(图1.16)。

图1.16　混凝土重力式平台

自升式平台又称为甲板升降式或桩腿式平台,是目前国内外应用最广泛的移动式钻井平台。自升式钻井平台是由一个上层平台和多个能够升降的桩腿所组成的海上平台。自升式平台在工作时,用升降机构将平台举升到海面以上,使之免受海浪冲击,依靠桩腿的支撑站立在海底进行钻井作业。完成任务后,降下平台到海面,拔起桩腿并将其升至拖航位置,即可拖航到下一个井位进行作业。这种平台既要满足拖航移位时浮性和稳性方面的要求,又要满足作业时着底稳性和强度的要求,以及升降平台和升降桩腿的要求。由于自升式平台可适用于不同海底土壤条件和较大的水深范围,移位灵活方便,便于建造,因而得到了广泛的应用。

我国的自升式平台发展比较晚,国内使用的自升式平台大部分是从国外引进购买的,但是随着我国海洋开发的快速发展,在自升式平台设计、建造、安装、维护方面,都取得了长足的进步。由于这种平台对水深适应性强,工作稳定性良好,发展较快,目前占我国移动平台总数的80%左右。

1972年,我国设计建造了"渤海1号"液压自升式钻井平台,用于渤海。总长60.4 m,总宽32.5 m,型深5 m,作业水深30 m,最大钻井深度4 000 m,满载排水量5 700 t,吃水3.3 m,4根圆柱形桩腿,直径2.5 m,长度73 m。设计了液压油缸升降横梁插销式升降系统,每桩举升力1 600 t。1983年,我国设计建造了"渤海5号""渤海7号"液压自升式钻井平台,工作水深40 m,采用圆柱式桩腿,适用于渤海和南黄海。1973年,我国引进了"渤海2号"沉垫自升式钻井平台,工作水深90 m。之后又从新加坡、日本引进了齿轮齿条自升式钻井平台"渤海4号""南海1号""勘探2号",他们都采用了桁架式桩腿,工作水深90 m。我国的石油公司也从国外引进了一些自升式平台,如沉垫自升式钻井平台"渤海6号",工作水深76 m;插桩自升式平台"渤海8号""渤海10号",工作水深76 m。2006年,"海洋石油941"(图1.17)自升式钻井平台由大连船舶重工集团有限公司建造完成并交付给中国海洋石油总公司使用,该平台可认为是当时我国规模最大、自动化程度最高、作业水深最深(可以达到122 m)、具有当代国际先进水平的自升式钻井平台。2009年,由招商局重工(深圳)有限公司承建的"海洋石油937"和"海洋石油936"两座代表国际先进技术的平台相继交付给中海油田服务股份有限公司并投入使用。2010—2011年间,我国又增加了"勘探六号""海洋石油921/922""海洋石油923/924"和"CP-300"等多座自升式平台。表1.1列出了国内部分自升式平台简况。

图1.17 "海洋石油941"自升式平台

表1.1 我国部分自升式平台简况

平台名称	最大作业水深/m	制造年份	改造年份	备注
勘探2号	90	1976		进口
胜利5号	25	1981	2000	进口
胜利6号	30	1982	2002	进口
胜利7号	30	1982	2002	进口
胜利8号	20	1981	2001	进口
胜利9号	30	1978	1996	进口
渤海1号	30	1972		国产
渤海4号	90	1977	2001	进口
渤海5号	40	1983	2002	国产

表 1.1(续)

平台名称	最大作业水深/m	制造年份	改造年份	备注
渤海 6 号	40	1983	2001	国产
渤海 7 号	40	1984	1997	国产
渤海 8 号	75	1980	1987	进口
渤海 9 号	40	1984	1997	进口
渤海 10 号	75	1980	1987	进口
渤海 12 号	55	1978	1998	进口
南海 1 号	90	1976	2000	进口
南海 3 号	90	1977	2001	进口
南海 4 号	90	1978	2002	进口
港海 1 号	2.5	1998	2004	国产
中油海 1 号	2.5	1998	2004	国产
中油海 5/6 号	40	2007		国产
中油海 7/8 号	40	2008		国产
中油海 9/10 号	76.2	2008		国产
海洋石油 931	90	1993		进口
海洋石油 941	122	2006		国产
海洋石油 281/282	40	2009		国产
海洋石油 901/902	35	2009		国产
海洋石油 937	91.4	2008		国产
海洋石油 936	91.4	2009		国产
勘探六号	115	2010		进口
海洋石油 921	60.9	2010		国产
海洋石油 923	60.9	2011		国产
CP-300	91.4	2011		国产
长旭号	27			进口
航工平 1 号	12.4			国产

半潜式平台是大部分浮体沉没于水中的一种小水线面的移动式平台,它从坐底式平台演变而来,由平台本体、立柱和下体或浮箱组成。此外,在下体与下体、立柱与立柱、立柱与平台本体之间还有一些支撑与斜撑连接,在下体间的连接支撑一般都设在下体的上方,这样,当平台移位时,可使它位于水线之上,以减小阻力;平台上设有钻井机械设备、器材和生活舱室等,供钻井工作用。平台本体高出水面一定高度,以免波浪的冲击。下体或浮箱提供主要浮力,沉没于水下以减小波浪的扰动力。平台本体与下体之间连接的立柱,具有小水线面的剖面,主柱与主柱之间相隔适当距离,以保证平台的稳性,所以又有立柱稳定式之

称。半潜式平台已经成为海洋钻井平台的主要发展方向。

我国20世纪80年代就开始涉足半潜式平台设计制造。1982年2月,黄埔造船厂开工修理半潜式钻井平台"南海2号"。"南海2号"于1974年在挪威建成,在北海作业几年后,被中国海洋石油总公司于1978年购入,之后一直在中国南海作业。该平台长108 m、宽67 m、高104 m,最大排水量近20 000 t,可在水深300 m海域作业,最大钻深深度为7 600 m。1984年上海船厂建造了"勘探三号"半潜式平台,是我国自行设计和建造的第一艘半潜式钻井平台。"勘探三号"大约介于第2和第3代半潜式钻井平台之间,达到了当时国际同类型半潜式钻井平台的水平。建成后立即投入到东海油气田的勘探工作中,陆续发现了"平湖"等许多高产油气田,为我国东海油气田的开发做出了重大贡献。进入21世纪,我国又先后建造了几座半潜式平台。截止2016年初,我国拥有的半潜式钻井平台共12座,如"勘探3号""勘探4号""南海2号""南海5号""南海6号""海洋石油981"(图1.18)和"COSLPIONEER"等。其中,"海洋石油981"的基本设计为F&G公司,上海708所承担详细设计,由上海外高桥造船有限公司建造,属于目前最先进的第六代深水半潜式钻井平台。"海洋石油981"已于2011年10月在上海建成并交付使用。平台主要设计参数为排水量51 624 t,工作水深3 048 m,可变甲板载荷9 000 t,钻井深度10 000 m,采用DP3动力定位系统,1 500 m水深内锚泊定位。2012年5月9日,"海洋石油981"在南海海域正式开钻,是中国石油公司首次独立进行深水油气的勘探,标志着中国海洋石油工业的深水战略迈出了实质性的步伐。2014年7月15日,"海洋石油981"钻井平台已结束在西沙中建岛附近海域的钻探作业,按计划顺利取全取准了相关地质数据资料。2014年8月30日,深水钻井平台"海洋石油981"在南海北部深水区陵水17-2-1井测试获得高产油气流。据测算,陵水17-2-1为大型气田,是中国海域自营深水勘探的第一个重大油气发现。

图1.18 海洋石油981

浮式生产储油系统(FPSO)是另外一种使用较广的浮式平台,可以同时完成油气生产、储油、外输、生活、动力等任务,其主要由系泊系统、浮体系统、加工生产系统、外输系统等4部分组成。其工作原理:油井的油、气、水等混合液经过海底管线输送至FPSO上的油气处理工艺模块进行加工生产,将合格的原油、天然气存储于货油舱,利用外输系统周期性通过穿梭游轮输送至岸上,以保证FPSO在海上油田的连续性作业。一般情况下,FPSO采用单点系泊进行海上定位,基本上永久系泊于工作的海域,单点系泊的最大特点表现为风标效应。风标效应使得FPSO能够保持最有利的迎浪方向,从而使受到的外载荷最小。FPSO主要包括如下的典型特点:

(1)经济效益良好,具有较短的建造周期,投资成本较低;
(2)有利于生产设施布置,具有较大的甲板面积,抵抗环境载荷和承受重力的能力较强;
(3)具有较大的储油能力,可以高效、安全、周期性地通过卸油装置和穿梭游轮将原油运输到岸上;
(4)重复利用率高,可移动较灵活,可使用于各种水深海域的油气开采。

我国对FPSO的开发和应用起步较晚,但是发展速度很快,最初主要是通过对国外的设备进行引入和研究,随着我国海洋石油开采技术的发展和海域环境的研究不断进步,我国的FPSO设计技术突飞猛进,1989年,由708所设计、沪东船厂建造的我国第一艘FPSO——"渤海友谊号"正式投产,服役于渤中28-1油田,这是由我国完全自主研发设计的FPSO,同时,这也是世界上第一艘大型浅水FPSO,被称为中国十大名船之一。随后,服役于渤中34-1油田的姐妹船"渤海长青"号也相继投产。20世纪90年代,中海油又相继投产了"南海开拓"号、"南海胜利"号、"南海盛开"号等多艘FPSO。近十年来,由我国自行设计并建造的第二代FPSO"南海奋进"号和"渤海世纪"号等一批新型FPSO投入生产运营,截止2016年初,我国共有19艘FPSO(表1.2)服役于我国的渤海和南海区域。其中30万吨级的"海洋石油117"是目前世界上最大的FPSO(图1.19),该FPSO长超过323 m,宽超过63 m,储油能力可达200万桶原油。目前,我国FPSO的数量和总吨位均居世界前列。

表1.2 我国FPSO简况

FPSO 名称	载重量/t	作业水深/m	系泊方式
渤海友谊号	52 000	23.4	软刚臂
渤海长青号	52 000	20.5	软刚臂
渤海明珠号	59 000	32	软刚臂
渤海世纪号	150 000	19.6	软刚臂
南海希望号	170 000	已退役	内转塔式
南海发现号	250 000	115	内转塔式
南海盛开号	230 000	146	内转塔式
南海胜利号	230 000	300	内转塔式
南海奋进号	150 000	117	内转塔式
南海开拓号	90 000	100	内转塔式
南海睦宁号	90 000	已退役	内转塔式
海洋石油102	52 000	20.5	软刚臂
海洋石油111	150 000	100	内转塔式

表1.2(续)

FPSO 名称	载重量/t	作业水深/m	系泊方式
海洋石油112	160 000	24	软刚臂
海洋石油113	165 000	18	软刚臂
海洋石油115	100 000	90	内转塔式
海洋石油116	100 000	120	内转塔式
海洋石油117	300 000	27	软刚臂
海洋石油118	150 000	330	软刚臂

图1.19 海洋石油117

牵索塔式平台、半潜式生产平台、张力腿平台和Spar平台,在我国还处于研发阶段,还不具备设计建造这些平台的能力。迄今为止,虽然我国已经基本掌握了设计建造浅海平台的技术,但是深海平台技术与世界先进水平相比仍有一定差距。

第 2 章 海 洋 环 境

2.1 海底地貌与工程地质

2.1.1 海底地貌基本概况

海底地质研究通常分为两部分,一部分是远离陆地的大洋地质,即大洋盆地;另一部分是靠近陆地的大陆边缘的地质。

1. 大洋地质

如图 2.1 所示,大洋由大洋盆地和大洋中脊组成。大洋盆地从大陆坡脚开始,占据了海洋总面积 5/7。而大洋中脊是地球上最长最宽的环球性洋中山系,总长达 80 000 km,占据着 33% 的海洋面积。大洋盆地由深海平原、深海丘陵、海台、海隆、无震海岭和海山组成。深海平原是坡度小于 1/1 000 的一块平原,常位于陆隆与深海丘陵之间,水深 3~6 km,绵延几百或几千公里,是世界上最为平坦的地方。它有着较厚的由浊流携带的泥沙沉积出的沉积层。

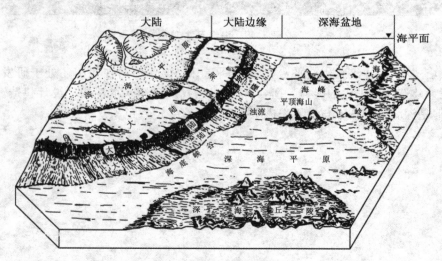

图 2.1 海底地形示意图

深海丘陵是大洋底部高度小于海山的丘陵,一般仅高出海底数米或数百米,分布于 3~6 km 的水深。

海台是高于临近海底 1 km 以上的较为平坦宽阔的海底高地。其又分为边缘海台,多为大陆坡或岛坡的平坦面,一般有着花岗岩基地;洋中海台,多位于碳酸盐补偿深度,有着较厚的钙质为主的沉积层。

海隆是深海海底上宽广和缓的隆起区,它不属于大陆边缘,位于板块内部的洋盆区,是无震的。

无震海岭,如其名称,是指几乎没有或很少有地震活动的洋底线状隆起。海山是孤立的坡度较大的海底凸起。所有的圆锥形海山都是或死或活的火山。沿着整条大洋中脊,有一条深邃的裂谷,裂谷平均深度 2 km,宽度 15~50 km。裂谷的底部可能是岩浆外渗的通道,此处地壳的厚度可能不足 6 km,裂谷两侧有着陡峭的平行脊峰,而洋脊侧翼区仅稍平缓,但也峭壁耸立。洋中脊并不连贯,它被诸多转换断层切断,错位幅度可达数十至一百公里。

2. 大陆边缘地质

大陆边缘是大陆与大洋盆地间的过渡地带,包括大陆架、边缘台地、陆坡和陆隆等。大陆架是环绕大陆的浅海底带,是大陆的水下延续和自然延伸,一般坡度由小而大至陆架坡折处位置。大陆架含义在国际法上,指邻接一国海岸但在领海以外的一定区域的海床和底土。沿岸国有权以勘探和开发自然资源的目的对其大陆架行使主权权利。大陆架有丰富的矿藏和海洋资源,已发现的有石油、煤、天然气、铜、铁等 20 多种矿产;其中已探明的石油储量是整个地球石油储量的三分之一。

边缘台地是位于比大陆架还要深的地方和具有大陆架形状的地形,它与大陆架之间有大陆斜坡分隔。

大陆坡处于大陆架外缘与深海底之间,其上界在一二百米深,而其坡底一般深至海底,乃至海沟。

陆隆是指大陆坡与深海平原或深海海丘间坡度平缓的海底隆起,是一种由沉积物构成的围台,是向海缓斜的巨大楔状沉积体。

3. 若干可能影响海洋工程的地质现象

影响海洋工程的地质现象包括海底滑坡、不稳定沉积体、底辟、泥流沉积体、浅层气集聚、可能的天然气水合物和碳酸盐岩隆等。海底滑坡是引起海洋石油井架倒塌的最主要原因,所以辨识出滑坡带对于井架的建立有着重要的作用。不稳定沉积体常与较大的滑坡带相伴而生。可能会以块体滑坡的形式破裂,之后顺坡滑动,造成危害。底辟是在构造力或由于地质体密度倒置所引起的浮力的作用下,地下高塑性岩体向上推挤或刺穿挤入上覆岩层,形成的上隆。底辟的深部运动可使上面的表层沉积物局部发生形变与裂开,并产生小错位,可能会剪切油井或使其桩脚倾斜。天然气集聚会降低母体沉积物强度,增强未固结沉积物发生崩滑或液化崩塌的可能。由于天然气水合物在一种超压状态下处于一种临界状态,贸然的扰动会造成平衡的打破从而造成巨大的危险。

2.1.2 中国近海海底地貌

中国近海海底地形,总体趋势自西北向东南倾斜,继承了陆地地形的自然延伸状态。我国海南岛南端,经台湾岛至日本九州以西五岛列岛连成一线,可把上述海域的海底地形分为两个区域:该线以西,海底起伏和坡度不大,地势较为平坦,为海岸带——内陆架体系;该线以东,海底地形急转直下,坡度陡峻,并有海沟、海槽和海脊等地形,是典型的外陆架——

大陆坡—海沟—岛弧—海盆体系。中国近海海底地形最大的特点就是广阔的大陆架,一般认为是中国大陆地形向海的自然延伸部分。它位于大陆边缘,宽度从低潮线算起,向海以极缓的倾斜延伸至坡度显著增大的坡折带,具有水深浅(一般在200 m内)、坡度平缓、范围宽广的特点。渤海、黄海全部位于大陆架之上,东海有约70%海域属于大陆架,南海则近半海域为大陆架。

渤海的平均水深19 m,一般沟槽水深可超过40 m,最深处位于北煌城岛北侧的老铁山水道南支冲刷槽为84 m。平浅的渤海中央海底水深25~30 m,渤海三湾绝大部分在20 m等深线内。

黄海海底地形由北、东、西三面向中部及东南部平缓倾斜,平均坡降0.39%。其大部分海域水深60 m以内,平均水深44 m,靠近济州岛方向水深增大至90~100 m,最大水深140 m。

东海为西北太平洋一个边缘海,是西北太平洋沟-弧-盆体系的组成,其略呈扇形向西太平洋撒开,NE走向,平均水深370 m,最大水深2 322 m,地形由西北向东南倾斜。

南海是东亚大陆边缘面积最大的边缘海,其海底从周边向中央倾斜,由内向外依次分布着大陆架和岛架、大陆坡和岛坡、深海盆地三大地形单元。大陆架与岛架占其总面积48.15%。南海大陆架和岛架具有西南和北部宽,东和西部窄,陆架和岛架水深范围差异大,但不超过350 m。

南海是太平洋最西部的一个边缘海。其外形似呈北东-南西向延伸的菱形海盆,它的北部和西部为欧亚大陆,东部为吕宋岛和巴拉望岛,南部为沙捞越和纳土纳群岛,海盆面积250万平方公里。由于它处于印度洋、太平洋和欧亚大陆三大板块的聚合地带,使得南海海底的地质构造和地形起伏特别复杂。本区大陆架和岛架、大陆坡和岛坡、深海平原、海底山脉和海底高原、海槽、海沟和海谷等地貌类型齐全。

南海海底地势是西北高、东南低。自中国大陆边缘向南海中心部分呈阶梯状下降。

(1)南海中央部分是呈北东-南西向延长的菱形深海盐地,其纵长1 500 km。最宽处为820 km。它是由晚第三纪的东北向断裂拉张形成。中央海盆水深3 400 m(北部)至4 200 m(南部),有些地方水深超过4 400 m。深海盆地中有由孤立的海底山组成的高度达3 400~3 900 m的山群,有27座相对高度超过1 000 m的海山及20多座400~1 000 m的海丘,多为火山喷发的玄武岩山地,上覆珊瑚礁及沉积层。深海盆地底部平坦,坡度0.3‰~0.4‰。盆地东北端与西南端有断裂谷形成的深水谷地,内有沉积物充填,谷地终端有海底扇沉积体,已受到日后隆起成为小山脊。

(2)深海盆地的南北两侧是块状断裂下沉形成的阶梯状大陆坡。南海大陆坡面积1 200 000 km²,占海区总面积49%,水深界于1 500~3 500 m,其中海盆东北坡及北坡,终止深度为3 200~3 500 m,其他处终止深度达3 800~4 000 m,此阶梯状大陆坡系由块断下沉的古大陆架形成。相对高出海底数千米的高差,使其表现为海底高原。

(3)南海大陆架主要分布于海区的北、西、南三面,是亚洲大陆向海缓缓延伸的地带。

①在珠江口以东,陆架水深小于200 m,珠江口以西陆架水深度超过200 m,最深达379 m。大陆架宽度各处不等,沿中国大陆约280 km(约150海里),岛屿外缘在台湾南部为14 km(约7.5海里),海南岛南部为93 km(约50海里)。

②南海南部大陆架为巽他陆架,范围界于150 m水深以内,宽度超过300 km,南沙群岛的南屏礁、南康暗沙、立地暗沙、八仙暗沙和曾母暗沙等,位于该大陆架北部,是在水深8~

9 m,20~30 m 之间的珊瑚礁、滩。

③南海东部陆架分布于吕宋岛、民都洛岛和巴拉望岛边缘,呈南北向或 NE—SW 向的狭窄带状分布,是为岛架,外缘水深 150~200 m,岛架被沟谷切割并延伸至巴拉望海槽。

2.2 海 风

现代浮式生产装备上装有大量的生产模块、火炬塔等生产处理设备,半潜式钻井平台上安装有高达数十米的钻机,这些现代海洋油气开发装备的上层建筑体积较大、较为丰满。而它们在风暴来临时,难以脱离井口躲避而必须在原地抵抗风暴,因此需要考虑在极端海况和运行海况下的生存能力。在考虑海洋工程装备在极端海况下的载荷与受力的时候,除海浪和海流等直接作用于平台浮体的外载荷外,风载荷也成为一个不可忽视的因素。

风的特征是用风向和风速来表示的,风速是空气在单位时间内所流过的距离,单位一般用 m/s 或 kn(海里/小时)。风向是指风的来向,在气象上用 16 个方位来表示。如北(N)、东北(NE)、东北偏北(NNE)等。

平台设计中不仅要考虑风速,还要考虑风向。风的方向不同,风载荷的大小是不一样的,因此需要确定作业海区的强风向和定长风向。强风向是指该方向风的风速最大,而定常风向是指该风向出现的频率最大,根据风向可以合理地确定平台的定位方向,减小平台所受风力。

风速和风向随空间和时间是不断变化的。如尺度较大的海洋结构,在 1 h 持续时间量级上风的统计性质(如风速的平均值和标准偏差)在水平面内变化不大,但在高度方向上变化较大(可用剖面系数表征),因此只有限定风的高程和持续时间,风速值才有意义。由于海洋工程一般多为定点作业,即使移动式钻井平台与钻井船,也要在一个钻井区工作一段时间,所以对某一固定海域进行风速、风向等风的特征进行统计分析是必需的。

风况资料的表达方式有以下两种方法。

(1) 风玫瑰图

风玫瑰图用以表示风在某方向的强弱和次数,因其形状类似玫瑰而得名,如图 2.2 所示。风玫瑰图的绘制方法如下:先绘出风向方位极坐标图,一般是 16 个方向,把风速范围的频率在各风向方位上以频率比例尺标出频率点,把同风速范围的各风向方位频率点直线连接,就得出风玫瑰图。图中哪个风向、风速出现的频率最大即为定常风向,而出现的风速最大的即为强风向。在海洋工程设计时,为保证泊位稳态,不仅应考虑强风向,而且对船舶停靠泊位也要考虑定常风向的影响。除以频率为标尺绘制的风玫瑰图外还有按各风向的平均风速、最大风速等值绘制的风玫瑰图。

(2) 风速资料的多年分布资料与统计

为确定可能出现最大风载荷时的风况条件,需要对多年风速记录中的每年的最大风速值予以统计分析,统计时将风速自小到大分档排列,统计出每档内响应风速出现次数占总观测次数的百分数,得出统计直方图,再计算出相应的概率分布函数。

海洋工程的设计常需了解具有一定概率的最大风速,并以某一重复期的风速特征值作为设计标准。在海洋工程中常以 50 年一遇的年最大风速或 100 年一遇的年最大风速作为设计风速。所谓 50 年一遇或 100 年一遇,并非在 50 年或 100 年内会出现一次,不能保证在

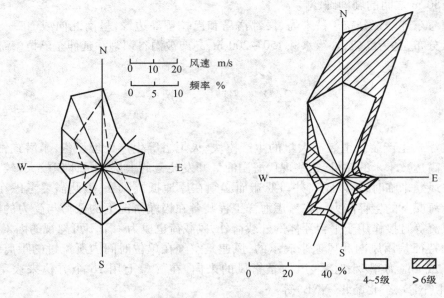

图 2.2 风玫瑰图

50 年或 100 年内的绝对安全。

年最大风速受很多因素的影响,是随机变量。目前世界各国对最大风速的标准尚不统一。所谓标准,包括设计风速的再现期与风速资料的取值,其中风速资料的取值又包括风速观测距地面的标准高度与观测的标准次数和时距等。美国对海洋工程一般采用再现期为 100 年一遇的半分钟或一分钟的平均最大风速,英国采用 50 年一遇三秒钟瞬时最大风速。

2.2.1 风载荷计算方法

1. 设计风速

这里主要介绍规范对设计风速的规定。中国船级社规定:应根据平台的作业地区和作业方式确定设计风速。一般地说,设计风速在自存状态应不小于 51.5 m/s(100 kn),在正常作业状态下不小于 36 m/s(70 kn),在遮蔽海区不小于 26 m/s(50 kn)。

挪威船级社关于设计风速的规定也具有相当的代表性,该船级社规定了两种设计风速标准,均考虑重现期。一是选用静水面以上 10 m 处的百年一遇持续风速为设计风速。在静水面以上 z m 高处的持续风速为

$$V_z = V_{10}(0.93 + 0.007z)^{0.5} \tag{2-1}$$

式中 V_{10}——静水面以上 10 m 处的持续风速;

V_z——静水面以上 z m 高处的持续风速。

如缺乏有关的风速数据时,DNV 规定可采用表 2.1 中给出的设计风速值。表中分别给出了四种海域和两个季节类型(所有季节和夏季),其中夏季是指 5 月 15 日至 9 月 15 日。

表 2.1　DNV 设计风速 V_{10} (m/s)

海域类型	所有季节	夏季
遮蔽海域	40	
正常开阔海域	45	
风暴开阔海域(北海和挪威大陆架)	50	45
极端海域(世界范围)	50	

另一个是采用 N 年一遇的阵风风速(短持续时间的强风速)作为设计风速,如果缺乏详细数据,可采用下式进行计算:

$$V_z = V_{10}(1.53 + 0.003z)^{0.5} \tag{2-2}$$

DNV 规定的两种设计风速标准,用于不同的载荷组合,当与最大波浪力组合时,采用持续风速;当用阵风风速计算的风力比用持续风速与最大波浪力组合更为不利时,则采用阵风风速。DNV 定义的阵风风速是时距为 3 s 的平均风速,而持续风速是时距为 1 min 的平均风速,并给出了两者之间的换算公式:

$$V_g = 1.25 V_{10} \tag{2-3}$$

式中,V_g 为海面以上 10 m 处的阵风风速。

2. 定常风载荷计算

确定设计风速后,规范规定风压 P 为

$$P = 0.613 \cdot V^2 \times 10^{-3} (\text{kPa}) \tag{2-4}$$

式中,V 为设计风速(m/s)。

作用在构件上的风力 F 应按下式计算,并应确定其合力作用点的垂直高度。

$$F = C_h C_s S P (\text{kN}) \tag{2-5}$$

式中　P——风压(kPa);
　　　S——平台在平浮或倾斜状态时,受风构件的正投影面积(m²);
　　　C_h——暴露在风中构件的高度系数,其值可根据构件高度(即构件中心至设计水面的垂直距离)h,由表 2.2 选取;
　　　C_s——暴露在风中构件的形状系数,其值可根据构件的形状由表 2.3 选取,也可根据风洞试验决定。

计算风力时,推荐下列做法。

(1)当平台有立柱时,应计入全部立柱的投影面积,不考虑遮蔽效应。

(2)对于因倾斜产生的受风面积,如甲板下表面和甲板下构件等,应采用合适的形状系数计入受风面积中。

(3)对于密集的甲板室,可用整体投影面积来代替计算每个面积,此时形状系数可取 1.1。

(4)对于孤立的建筑物、结构型材和起重机等,应选用合适的形状系数,分别进行计算。

(5)通常用作井架、吊杆和某些类型桅杆的开式桁架结构的受风面积,可近似地取每侧全满实投影面积的 30%,或取双面桁架单侧全满实投影面积的 60%,并按表 2.3 选用合适的形状系数。

表 2.2　构件的高度系数

构件高度 h/m(距海面)	C_h	构件高度 h/m(距海面)	C_h
0~15.3	1	137	1.6
15.3~30.5	1.1	152.5	1.63
30.5~46.0	1.2	167.5	1.67
46.0~61.0	1.3	183	1.7
61.0~76.0	1.37	198	1.72
76.0~91.5	1.43	213.5	1.75
91.5~106.5	1.48	228.5	1.77
106.5	1.52	244	1.79
122	1.55	256.0 以上	1.8

表 2.3　构件的形状系数

构件形状	C_s
球形	0.40
圆柱形	0.50
大的平面(船体、甲板室、甲板下的平滑表面)	1.00
甲板室群或类似结构	1.10
钢索	1.20
井架	1.25
甲板下裸露的梁和桁材	1.30
独立的结构形状(起重机、梁等)	1.50

实际上风力可以分为与风速方向一致的拖曳力和垂直风向的升力。对于较大的平面结构,如坐底式、自升式和半潜式平台箱形甲板的底面支撑在主甲板以上一定高度的直升机甲板等在受风作用时,都将产生升力。在风速较大时升力和阻力在数值上基本是同一量级。根据分析,对水面以上部分的风倾力矩而言,升力将降低该力矩,尤其是在平台倾角较大时,因此除特别情况以外,在计算中不考虑升力作用,其结果亦是偏于安全的。

2.2.2　我国海域的主要风系

我国海域的主要风系有季风、寒潮大风和台风。

由于大陆和海洋在一年之中增热和冷却程度不同,在大陆和海洋之间大范围的、风向随季节有规律改变的风,称为季风。形成季风最根本的原因,是地球表面性质不同,热力反映的差异。由海陆分布、大气环流、大陆地形等因素造成的,以一年为周期的大范围的冬夏季节盛行风向相反的现象。

季风分为夏季风和冬季风。冬季风从陆地吹向海洋,夏季风从海洋吹向陆地,冬、夏两季风交替变换是季风的特点。我国的季风,10 月起至次年 3 月间盛行偏北风,6 月以后则盛行偏南风。

寒潮大风是由于巨大的高压冷气团南侵,造成温度剧烈下降,伴随霜冻与大风的现象,我国的寒潮大风主要集中在 11 月至次年 2 月。

台风是热带地区海洋上空的热带气旋在适当条件下猛烈发展形成的急速旋转的气流运动。台风中心,即风眼地区风速接近于零。台风中心以一定速度向前移动。

2.3 海 浪

海浪是静水面受到外力作用后,水质点离开平衡位置做往复运动,并向一定方向传播的自然现象。引起海浪的外力有风、地震、太阳或月球的作用力、重力等。处在各种海区的海洋工程结构,随时受到海浪的直接威胁。海浪的威力十分巨大,巨浪能把石油生产平台推倒,把万吨大船推上半空。有时波高虽然不大,但当波浪周期与建筑物的固有周期相近时,因共振作用,使建筑物造成毁坏;即使轻微的波浪,因长年累月地连续作用,波浪力也会给建筑物以冲刷而使之损坏。

由风引起的浪,在海浪研究中,占有主要地位。

风吹到平静的水面,产生了涟漪。当风速足够大时,能量传播的结果将使表面张力波变成重力波。能量的供给方式有风对波浪剖面的直接推动、摩擦力、压力涡动等。在波浪成长的开始阶段,波高与波长同时增大,后来仅波长增大。波浪的大小取决于平均风速、风区或风程(风吹过水面的距离)和风时(风吹过的持续时间)。形成后的波浪,有可能被顶风、涡动、破碎等原因消耗其能量而逐渐消失。波浪的能量产生与消耗的作用过程可以同时存在。在一定的风速下,风作用的时间(风时)和风吹过的海区(风区)都足够长时,波浪要素达到极限状态。

2.3.1 波浪要素

造波水槽(图 2.3)的一端有周期性的造波板,使水面上下运动形成周期性的波浪传播出去,造波板如单纯做前后往复运动,则产生正弦波。波浪的最高点叫波峰,最低点叫波谷。

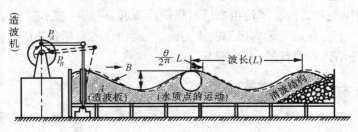

图 2.3 造波水槽和波浪要素

浮在水面的物体,当波峰到达时与波浪一起边前进边升高,波谷到达时则边后退边下降,亦即漂浮物体不随着波浪前进,而是呈近似圆形的周期性运动。漂浮物体的最高位置与最低位置之差,亦即由波谷到波峰的高度,叫作波高。漂浮物体从最高位置经过最低位置再返回到最高位置所需的时间叫作周期。一个周期内波浪前进的距离或峰到峰、谷到谷的距离叫作波长。波浪的传播速度即波速 C,利用波长 L 和周期 T 可表示为

$$C = L/T \qquad (2-6)$$

波速与漂浮物体或水质点的速度是不一样的。由于波浪按其波速行进,如起始时间或起始点不同,即使同一时期的波浪,其峰和谷的位置亦是不同的。这种相对位置的差别叫作超前或滞后。图 2.3 表示造波机的转轮位置和波形的关系,转轮位于 P_A 位置时的波形为 A(实线),转化旋转 q 角后相当于 P_B 位置的波形为 B(点线)。由于 P_B 比 P_A 前进了 $\theta/2\pi$,B 波也比 A 波超前 $\theta L/2\pi$。同样,P_A 前边相应的波形滞后了。这种超前或滞后叫作相位 θ,用弧度或度来度量。

2.3.2 海浪描述

1. 表示方法

由波高、周期和相位等不同的两个以上的波所合成的波叫作合成波。海洋波浪是由具有多种波高、周期和相位等的波浪组成的合成波,且波浪的行进方向亦即波向也不完全是同一个方向。这样复杂的海洋波浪,可用统计分布或波谱来表示,但在海洋结构的设计中一般采用其特征值。作为特征值的有最大波高 H_{max} 和最大周期 T_{max} 以及有义波高 $H_{1/3}$ 和有义周期 $T_{1/3}$,最大波高和最大周期是取观测期间的最大波或是取累积频率为 50 年一遇或 100 年一遇的最大波,亦即波浪重现期为 50 年或 100 年等的最大波高和周期。有效波高和有效周期,是把波浪观测资料按大小排列,从大的方面取出波数的 1/3 个波高和周期的平均值,具有这样概念的波叫作有义波,因为它与目测值相接近,故被广泛应用。用与有效波相同的考虑方法,从观测资料中取出前 1/10 个大波平均而得到的波,叫作 1/10 大波。

波浪可以按周期的大小,区分为不同类型的波动,如图 2.4 所示。图 2.4 中还绘出了海浪能量的周期分布。由图 2.4 可以看出周期最小的波为毛细波,波长仅为 1.7 cm,波高不超过 1~2 mm,对海洋工程结构物无实际意义。最长周期的波为潮浪,是由于太阳、月亮对地球的相互作用引起的。在各类波动中,能量最强,波动振幅最大的是由风引起的重力波,其中又可区分为风浪和涌浪。风浪由当地风场流动激起,周期一般不超过 10~12 s,但波高可以高达 30 m 以上。涌浪为远离风源的重力波,其周期也不会超过 30 s。由风浪或涌浪诱导的载荷,常常是结构物设计的主要控制载荷。

2. 微幅波——线性波浪理论

微幅波是对自然界海面上的波浪进行了简化的最简单的波动。满足线性波浪理论的波动面是水面呈简谐形式的起伏运动。水质点的运动是以平衡位置为圆心的圆周运动,即以圆频率 ω 做简谐振动。从理论上说是不计波动自由表面引起的非线性影响,所以称为线性波,其波动方程为

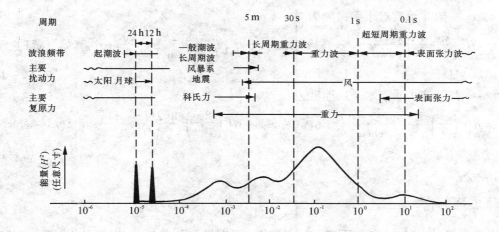

图 2.4 波浪按周期的分布和能量分布

$$\eta = A\cos kx \quad (2-7)$$

或

$$\eta(x,t) = A\cos(kx - \omega t) \quad (2-8)$$

式中,k 为波数,即

$$k = \frac{2\pi}{L} \quad (2-9)$$

此波浪理论中,水质点水平运动速度为

$$u(x,t) = A\omega \frac{\text{ch}[k(z+d)]}{\text{sh}kd}\cos(kx - \omega t) \quad (2-10)$$

$$u(x,t) = A\omega^2 \frac{\text{ch}[k(z+d)]}{\text{sh}kd}\sin(kx - \omega t) \quad (2-11)$$

式中 d——水深;

z——距水面深度。

3. 斯托克斯(stokes)波——非线性波浪理论

斯托克斯波是波形如摆线的一种有限振幅波动,与正弦波相比,波峰较陡,波谷较平坦。其波形不是简谐曲线,通过质点振动中心的平面高于对应的静止水面,且对于横轴不对称。波速与波幅大小有关,波幅与波长之比越大,波速越大。斯托克斯波的质点轨迹接近于圆,但不封闭,每经一周期后沿波浪传播方向有一小段水平的净位移,沿此方向产生一定的水流。质点沿其轨迹运动时,压力是变化的,除自由表面与水底外,其他波面都不是等压面。波幅与波长之比超过一定限度后,波面破碎。波动的动能与位能不相等,动能在垂向与水平方向的分配亦不相等。

斯托克斯波能量的传播速度也与小微幅波动的情况不同。它的波面方程与线性波相比,多了一项与波高 n 次方成比例项,成二次方的称为 Stokes 二阶波。此外还有三阶波、五阶波。

Stokes 二阶波的波动方程如式(2-12)所示。

$$\eta = \frac{H}{2}\cos(kx - \omega t) + \frac{H^2}{2}\left(\frac{\pi}{L}\right)\frac{\text{ch}kd}{\text{sh}^3 kd}[2 + \text{ch}2kd]\cos[2(kx - \omega t)] \quad (2-12)$$

Stokes 二阶波水质点水平速度为

$$u = H \cdot \frac{\pi}{T} \cdot \frac{\mathrm{ch}[k(z+d)]}{\mathrm{sh}kd}\cos(kx-\omega t) + \frac{3}{4}H^2\left(\frac{\pi^2}{TL}\right)\frac{\mathrm{ch}[2k(z+d)]}{\mathrm{sh}^2(kd)}\cos[2(kx-\omega t)]$$

(2-13)

Stokes 二阶波水质点水平加速度为

$$\dot{u} = H \cdot \left(\frac{\pi}{T}\right)^2 \cdot \frac{\mathrm{ch}[k(z+d)]}{\mathrm{sh}kd}\sin(kx-\omega t) + 3H^2\left(\frac{2\pi}{T^2\lambda}\right)\frac{\mathrm{ch}[2k(z+d)]}{\mathrm{sh}^4(kd)}\sin[2(kx-\omega t)]$$

(2-14)

式中,$H = A/2$。

4. 海浪频谱

海面波浪时大时小,参差不齐,缺乏严格的周期性和相关性。一般很难由第一个波去估计其后面若干个波的大小。若用上跨零点法,以平均水面为零线,在波面的上升阶段与零线相交处作为一个波的起点,到下一个波面上升阶段与零线相交处作为这个波的终点(即下一波的起点)表示的波高和周期,都各不相同。为了全面地描述海浪的特性,必须用概率统计方法取得波浪幅值的分布特征,用谱分析方法来描述海浪的内部结构。既然海浪视为正态平稳随机过程,不仅可以从海浪外在表现上研究其特征,得出各种波浪要素的统计分布。当然也可以从波浪的内部结构上来研究其特征,进行波谱分析,用一个非随机的谱函数来描述。海浪的内部结构是由它的各组成波所提供的能量来体现。海浪谱从数学意义上讲就是函数。所谓波谱分析就是阐明海浪的能量相对于频率、方向或其他独立变量的分布规律,建立其函数关系。频谱表明波浪能量与波频的变化关系,方向谱表明波浪能量与波频、波向的变化关系。

海浪的外在表现与其内部结构是有联系的,这从海浪的统计特性中也可以看出。海浪要素的概率分布其中除一部分经验性的结果外,主要地还是通过谱的概念,导出有关的概率分布函数。而且这些分布函数中,也常以某种波浪要素的特征值作为基本参量,因此如果已知海浪谱,通过它计算某种波浪要素的特征值,并将此代入分布函数中,便可以得到海浪外在表现的各种统计特性。所以说,海浪谱不论在理论上,还是在应用上均有重要意义。

Longuet-Higgins 提出的海浪模型,是将无限多个随机余弦波叠加起来,以描述某一固定点的海面波动,即

$$\eta(t) = \sum_{n=1}^{\infty} a_n \cos(\omega_n t + \varepsilon_n) \qquad (2-15)$$

如果把频率介于 $\omega \sim \omega + \mathrm{d}\omega$ 范围内的各组成波的振幅 a_n 平方之一半叠加起来,并除以包含所有这些组成波的频率范围 $\mathrm{d}\omega$,所得的值将是频率 ω 的函数,令其为 $S_\eta(\omega)$,则

$$S_\eta(\omega)\mathrm{d}\omega = \sum_{\omega}^{\omega+\mathrm{d}\omega} \frac{1}{2}a_n^2 \qquad (2-16)$$

单个组成波在单位面积的铅直水柱内的平均波能量为

$$E_n = \frac{1}{2}\rho g a_n^2 \qquad (2-17)$$

故频率介于 $\omega \sim \omega + \mathrm{d}\omega$ 范围内各组成波能量之和为

$$\sum_{\omega}^{\omega+\mathrm{d}\omega} \frac{1}{2}\rho g a_n^2 \tag{2-18}$$

显然 $S_\eta(\omega)$ 比例于频率位于间隔 $\omega \sim \omega + \mathrm{d}\omega$ 内的各组成波提供的能量,如取 $\mathrm{d}\omega = 1$,则 $S_\eta(\omega)$ 比例于单位频率间隔内的波能,因此实际上 $S_\eta(\omega)$ 就是波能密度相对于组成波频率的分布函数,这个函数称为谱。由于它的实质是代表海浪的能量密度,所以称为能量谱(有时称为波能谱密度或功率谱密度),又因它是波能相对于频率的分布,故又称频谱。

图 2.5 是海浪频谱的示意图,在 $\omega = 0$ 附近,$S_\eta(\omega)$ 值很小,接着急剧增大至一极大值,然后减小,最后当 $\omega \to \infty$ 时,$S_\eta(\omega) \to 0$,所以从理论上讲 $S_\eta(\omega)$ 分布在 $\omega = 0 \sim \infty$ 的范围内,即波浪能量分布在 $\omega = 0 \sim \infty$。范围内的全部组成波内。但以重力波为主体的实际海浪中,常表现 $S_\eta(\omega)$ 出 $S_\eta(\omega)$ 其显著部分集中于狭窄的一小段频率范围内,这就是说,在构成海浪的各组成波中,频率很小及很大的组成波提供能量很小,能量主要部分由一狭窄频率带内的组成波提供。图 2.5 为海浪的频谱密度曲线,亦称为谱密度曲线。

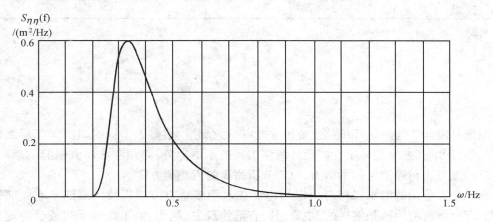

图 2.5　波浪谱密度曲线

由图 2.5 可以看出谱密度曲线只与组成波的频率有关,而与方向无关。事实上,在海面上一固定点的海面起伏是一个波系,它有一个主要传播方向,但同时也包括有不同方向传来的波,代表方向组成的波谱称为方向谱。有了海浪谱,使得对海洋工程结构物的运动和作用力的分析较之过去以简单的波动来分析要更接近实际,更完善。

2.3.3　海浪等级

浪高通常用波级来表示,波级是海面因风力强弱引起波动程度的大小,波浪越高则级别越大。浪高是用波级来定义的,有将风浪、涌浪分别定级,也有依同一标准分级。我国则采用后者进行分级。按照常用的道氏波级,分为无浪、微浪、小浪、中浪、大浪、巨浪、狂浪、狂涛、怒涛、暴涛等不同级别,其中浪高达到 20 m 以上者称为暴涛。

现已能根据气象等条件,利用波级表,对风浪进行预报。海浪预报是根据风对海浪的作用的规律性和当时的风情预告,对于一定海区在未来一定期间内所做的波浪情况分析和预报,对国防、渔业和航运安全具有很大的意义。

与风级的划分相类似,气象分析上也将海浪按海况分为 9 级,见表 2.4。

表 2.4 海浪分级表

浪级	海况	波高/m
0	无浪	0
1	微浪	<0.3
2	小浪	0.3~0.8
3	轻浪	0.8~1.3
4	中浪	1.3~2.0
5	大浪	2.0~3.5
6	巨浪	3.5~6.1
7	狂浪	6.1~8.6
8	狂涛	8.6~11.0
9	怒涛	>11.0

2.4 海 流

海流是海洋工程物理环境的重要因素之一。它和风、浪等因素同时对海洋工程结构有直接作用,影响其强度与稳定性。设计海洋工程的水下部分,必须考虑海流引起的载荷,对拖航时的拖曳力与停泊时的系泊力,也要分析海流的大小与方向。

海流是大范围的海水以相对稳定的速度在水平或垂直方向连续的周期及非周期性的流动。产生海流的原因是多样的,主要原因有潮汐现象,风力,由于海面受热或受冷蒸发或降水不均匀而引起海水温度、盐度、密度等分布不均等。因此按其成因,可将海流分成如下类别:

(1)潮汐流

潮汐流是由潮汐现象引起的,是周期性的海流。在引潮力的作用下,海水做周期性的水平流动。潮流现象比较复杂,它与地形、海底摩擦及地球自转有关。其运动形式可分为往复流与旋转流两类。往复流存在于海底区、河口、海湾口、水道、海峡等处。由于地形的限制,潮流具有正、反两个方向的周期变化。在开阔海域,潮流多具有旋转流,其流速:

①黄海潮流(近东岸)为 1.0~1.5 m/s;
②东海潮流(长江口余山海区)为 1.0~2.5 m/s;
③南海潮流(广州湾)小于等于 0.75 m/s。

(2)风海流

风海流是由作用于广阔海面上的风力引起的海流,通常把一年四季中流向上与流速大致相同的海流称为漂流。海水流动时受到地球转动偏向力和下层静止海水对上层流动海水的摩擦力,因此漂流又分为不受海底对流动影响的深海中的无限深海漂流和受海底影响的近岸海域中的有限深海漂流。前者流速、流向与风的作用力成正比,表层流向在北半球较风向右偏 45°,后者流向几乎与风向一致。

此外,因风漂流将水体按一定的方向输送,导致海水表面倾斜,出现海水的垂直循环,形成倾斜流。倾斜流靠近海底,它在海底摩擦力的作用下,改变了倾斜流的性质,使海底附近形成了一种底层流。

(3)密度流、盐水流等梯度流

密度流、盐水流等梯度流是由海水温度、密度、盐度的变化不均匀而引起的海水流动。

由于海流和潮流的速度不像波浪水质点运动速度那样在较短的时间范围内不断重复其周期性变化,因此相比之下,海流和潮流的速度随时间的变化是缓慢的。在工程设计中,为了简单起见,常将海流和潮流看作是稳定的,并认为他们对平台的作用力仅是拖曳力。

在计算海流、潮流作用力时,如果海流和波浪同时存在的状态下,应考虑流速与波浪水质点水平速度叠加后产生的拖曳力,不能将两者分别计算。

一般钻井平台水下部分构件的流力 F 计算如下:

$$F = \frac{\rho}{2} C_D u^2 A (\text{kN}) \tag{2-19}$$

式中 ρ——海水密度/(kg/m³);
u——设计流速;
A——构件在与流向垂直的平面上的投影面积/m²;
C_D——拖曳力系数。

作用于水下 Z 处的单位长度拖曳力为

$$f_D = \frac{1}{2} \rho C_D (u_w + u_v)^2 \tag{2-20}$$

式中 D——圆柱直径/m;
u_w——波浪水质点的水平速度/(m/s);
u_v——流速/(m/s)。

海流、潮流以及波浪水质点的水平速度联合作用在整个桩柱上的水平拖曳力为

$$F_D = \int_0^{d+\eta} \frac{1}{2} \rho C_D D (u_w + u_v)^2 \mathrm{d}Z \tag{2-21}$$

式中 d——水深/m;
η——波面高/m;
Z——深度/m。

2.5 内 波

海洋内波,顾名思义,就是在海洋内部生成并传播的波,是一种几乎贯穿海洋全深度的波动现象。

海洋内波的形成一般应具备两个条件,一是海水密度稳定分层;二是要有扰动能源,两者缺一不可。正如海面与空气之间密度不一样加上风力的扰动作用,就会出现海面上的狂涛巨浪。海洋的垂向分层结构,即沿重力方向的密度、温度和盐度分布的非均匀性,是所有海域的共同特征。一般来说,海水的密度由海面向海底逐渐增加。由于日照的原因海水表面的温度较高,密度比较小。而阳光无法穿透更深的海水,使深层海水的温度较低,再受到

上层海水的压力作用密度就比较大。此外,海水的盐度也会影响海水的密度,盐度高的海水就比盐度低的海水密度大,因此在海洋分层结构的形成过程中起着主导作用。当然在极地和冬季的中纬度地区可能会出现由于表面的冷却过程而形成的逆温或逆密度结构层。总的来说,在海洋的一定深度上存在着的温度跃层(thermocline)和盐度跃层(halocline)的共同作用下导致密度跃层(pycnocline)的出现。而扰动源更是随处可见,如大气压力的振荡、海面压力场的变化、几乎相等的两列表面波的作用、局部初始扰动、海洋底部的地震、引潮力以及不规则海底地形上的流动都会激发内波。

海洋内波的最大振幅发生在海洋内部,其波动频率介于惯性频率和浮性频率之间。由于其恢复力在频率较高时主要是重力与浮力的合力,因此这个合力也被称为约化重力或约化浮力,也就是重力与浮力之差;而当频率低至接近惯性频率时,恢复力主要是地转柯氏惯性力,所以内波也称为内重力波或内惯性-重力波。在实际的海洋环境中,层化海水之间的密度差是很小的,约化重力要比重力小得多,恢复力一般仅为表面波恢复力的量级,所以跃层处海水在受到很小的扰动情况下就会偏离其平衡位置而产生"轩然大波"。从能量的观点来看,波幅与重力的平方成反比,因此在相同的条件下,内波波幅可以是表面波的20~30倍,这也是为什么内波的振幅与波长都要比海洋表面的风浪大得多的主要原因。然而这种海洋内部的波动却很缓慢,相速度仅为表面波的几十分之一,一般不足1 m/s,最多在2 m/s以内。海洋内波还具有很强的随机性,其波长、周期和振幅分布范围特别广,常见的波长为几十米至几十千米,周期为几分钟至几十小时,振幅一般为几米至几十米,根据Roberts(1975)的统计,最大垂向振幅甚至高达180 m。

内波在海洋中起着重要的动力学作用。低温高密度海水在极地区域形成后下沉到海底并在底层散布开来,这层高密度水必然要与其上的密度较低的水缓慢地混合,内波是引起这种混合的最可能因素。因为内波的群波速与水平方向成一夹角,此夹角是内波频率的函数,内波能将能量和动量从含能量和动量较高的上层海洋传入含能量和动量较低的深层,所以内波是能量和动量垂向传输的重要载体。人们普遍认为,海洋中存在大、中、小尺度能量级串,内波是这一能量串中的一个重要环节。内波与其他大、中尺度运动过程间以及不同尺度内波间的非线性相互作用,将能量从含能较高的大尺度运动过程传递给含能较低的较小尺度运动过程,再传给更小尺度的运动过程,直至成为湍流而耗散。这种观念正在逐步地被证实。内波引起和参与的混合过程是保持海洋层结状态的关键因素。

一般来说,人们所观测到的海洋内波通常是孤立波。作为一种典型的非正弦、非线性波,孤立波在自然界常以孤立的、复杂的波形出现在密度梯度、水流流动和海洋深度组合适宜的地点。近水表面处由于内波与流的相互作用,会对作用点处表面波浪的高度谱进行调制,从而使内波的标志特征"显而易见"。目前观测得到的有关海洋内波的绝大多数现场实测数据及卫星图片都是关于内孤立波的,而且内孤立波本身又是海洋中特别常见的一种海洋内波形式。

为了研究海洋中的内波对深水浮式平台总体性能的影响,需要建立内波的数学模型来模拟真实海洋内波,而海洋内孤立波有多种合成机制。例如,Apel等(1998)将海洋中内孤立波的生成总结为两种机制:一种是内潮机制(internal tide mechanism);另一种是山后波机制(lee wave mechanism)。内潮机制是指内孤立波从内潮中裂变出来。内潮波在传播过程中受到地形、垂向剪切等各种环境的影响,会逐渐变形。当非线性影响越来越强时,波形会越来越陡,而当频散越来越强时,波形会越来越平坦。当非线性与频散在一定尺度上达到平衡时,会有内孤立波从内潮波中裂变出来。山后波机制是指当潮流或海流流过弯化的地形时,在地形后面产生山后波,并在传播过程中演化成内孤立波,山后波以及由它产生的内孤立波是单方向传播的。Maxworthy(1979)在做内孤立波生成实验时,认为当流体速度很大,大于某个上限值时,山后波破碎产生混合,混合区的重力塌陷也可以激发内孤立波。

以上模型是基于一种渐近性分析解法用于解决弱非线性方程。这种解法拥有观测到的产生于海洋的内波,尤其是孤立波(孤立子)的很多性质。该模型可以自主地处理内波生成、传播和消散过程,且根据不同情况的应用,计算结果能描述出对于背景平衡状态成立的任何改变,如温度、密度或是流场的改变,包括来自引力和剪切流的不稳定的扰动。然而目前得到的对于内波属性的数学描述都源于大量的观测数据,这些数学描述主要就是初态和末态有点异常。只有多重的观测数据才能判定是否典型模型可以达到需要的逼真度。

2.6 海 冰

对于会出现冰冻的寒冷海域,海冰冰力对结构的影响往往是很严重的,设计时如果不加以考虑会造成严重事故。

1962年和1963年美国在阿拉斯加库克湾先后建造的两座海上钻井平台,由于设计强度未考虑冬季冰的作用力,于1964年冬季均被海冰摧毁。

1965年3月,日本于1960年建于稚内港外的海上灯标被流冰群袭击而倒坍。

1969年3月,渤海发生严重冰情,中国海洋石油总公司渤海石油公司建造的"渤海2号"导管架钻井平台被海冰推倒于海中,造成直接经济损失2 000万元。其结构为15根直径为850 mm,壁厚为22 mm的锰合金钢管组成的导管架式平台。同一期间"渤海1号"平台的支架拉筋(直径为250 mm)全部被流冰割断。

1973年,波兰在波兹尼亚湾建造的Kemi-1钢质灯塔,于当年冬季在风驱动的漂移冰排作用下产生剧烈振动而倒塌。

1977年2月,渤海湾的"渤海4号"的火炬塔($41 \times \phi 850$ mm钢管结构),被海冰推倒。

1999—2000年冬季,渤海JZ20-2中南平台,由于冰激振动导致平台管线断裂。

位于寒冷地区的海域的平台要考虑冬季海面结冰造成的影响。海冰载荷的作用可表现为因海水的流动携带冰块对平台局部的撞击,也可表现为巨大冰块对平台的整体挤压,平台的局部强度和整体强度都会带来较大影响。对处于极地海域作业的平台,海冰载荷可能成为平台设计的控制载荷。海冰的破坏力还有海冰膨胀时造成的"胀压力"。海冰的温度每降低1.5 ℃,1 000 m长的海冰就能膨胀0.45 m,这种"胀压力"可以使被冰冻住的船只或平台结构变形受损。海冰受潮汐的升降引起的向上的竖压力,可以破坏被冻结的海上建筑物。

海冰很结实,它的抗压强度由海冰的含盐度、海水的温度和海冰的"年龄"决定。海水中含盐越低,海冰抗压强度越大,所以,海冰比淡水冰的坚硬程度要差,一般为淡水冰坚固程度的75%左右。温度越低,海冰的抗压强度越大;而新冰又比老冰的抗压强度大。1969年渤海特大冰封时,为解救被冰封的船只,在60 cm厚的堆积冰层上投放30 kg炸药,也没能把冰层炸破。

我国渤海和黄海北部,每年冬季都有不同程度的海水结冰现象。一般冰期长达2~3个月,其中辽东湾冰期最长,可达 3~4 个月。最大单个流冰冰块面积可达 60~70 km²。每次冰封或严重冰情都会造成不同程度的损失,如船只被冻在海上,港湾及航道被封冻,海上建筑物遭到破坏等。渤海和黄海北部的冰情,虽不及寒冷地区严重,但遇到特殊严重的年份,也会对海上钻井和平台作业会带来十分严重的后果。据记载,1969 年渤海曾发生罕见特大冰封,流冰边缘接近渤海海峡,冰封期间,海冰摧毁了由 15 根 2.2 cm 厚锰钢板卷成直径 0.85 m、长 41 m,打入海底 28 m 深的空心圆筒桩柱全钢结槽的"海二井"石油平台,"海一井"平台支座钢缆也全部被流冰撞断,造成我国有记载以来最严重的一次海冰灾害。

2.6.1 冰载荷的主要形式

海冰对海洋工程建筑物的作用力,习惯称为冰载荷。作用于建筑物的冰载荷主要有以下几种形式。

(1)巨大的冰原包围了建筑物,整个海面处于冰层覆盖的状态。在潮流及风的作用下,大面积冰原呈整体移动,挤压平台。如果平台能承受,则冰原控桩柱切入或割裂。这种冰载荷呈周期性变化,并伴随着振动。大面积冰原在破碎前的瞬间,平台上的挤压力最大。

(2)流冰期间自由漂浮的流冰,冲击平台而产生的冲击力。

(3)在冬季气温剧变的情况下,整体冰盖层由于温度的变化引起膨胀而产生对平台挤压的膨胀力。

(4)平台周围的海冰因温度下降而结成一体,冻结成的冰盖因潮流和风的变化而移动,产生对平台的曳力。由于水位的波动而产生垂直作用力(水位下落时冰的重力,水位上升时冰块得到浮力)。

(5)流冰期冰块对平台的摩擦作用力。

一些国家修建海上孤立建筑的实践经验表明,在上述各种可能产生的冰载荷中,前两种冰载荷是主要的,是使平台倾覆或结构损坏的主要原因。从我国渤海湾地区实际观察冰对建筑物的作用也表明,主要是大面积冰原在风和潮流的作用下,对桩基式钻井平台产生周期性的挤压力,并有强烈的振动。

2.6.2 冰载荷计算

1.冰载荷

(1)大面积冰原挤压孤立垂直桩柱所产生的冰载荷 P,其公式为

$$P = mK_1K_2R_cbh \tag{2-22}$$

式中 K_1——局部挤压系数;

K_2——桩柱与冰层的接触系数;

R_c——冰块试验的极限抗压强度/(kN/m²);

b——桩柱宽度或直径/m;

h——冰层计算厚度/m,需按国家主管部门提供的实测资料确定。

当计算桩群上的冰载荷时,应考虑桩群的遮蔽作用。

从式(2-22)可以看出,要正确地计算作用于桩柱上的冰压力,合理地根据平台作业地区的实际情况决定 K_1 和 K_2 是十分重要的。上式中各主要参数应尽量通过长期观测,经分析

后确定。在实测资料不足的情况下,可取下列数值:K_1 取 2.5~3.0;K_2 取 0.3~0.45。

对于渤海和黄海北部沿海,R_c 取 1 470 kN/m² (150 t/m²)。

对于辽东湾 $h=1$ m,渤海湾 $h=0.8$ m,莱州湾 $h=0.7$ m,黄海北部沿海 $h=0.8$ m。

2. 流冰对桩柱的挤压力的计算

海冰在风与海流的携动下,撞击平台的桩柱时,若其动能具有能够切入桩柱的全部宽度,此时桩柱所受的冰压力最大值 $P_{\max}$ 可按式(2-23)计算。

若冰块具有的动能只能切入桩柱的局部,冰块就在桩柱前停留下来。在此情况下,作用桩柱上的最大冲击压力 P 将小于 $P_{\max}$。冲击冰压力 P 虽较前者小,只是对于具有流冰的海域,对平台的冲击力是不容轻视的。

这类冰压力计算,主要从物体撞击的能量守恒的观点出发,考虑冰对桩柱的作用力,并且计算公式中反映出冰的运动速度这一因素。如图 2.6 所示,以三角形端部桩柱为例,当尺度长、宽、厚为 $L \times B \times h$ 的冰块以速度 V(m/s)行进时,其具有的动能 $T_携$ 主要消耗于冰原挤坏所做的功上面。在任意时刻桩柱上的冰压力 P 为

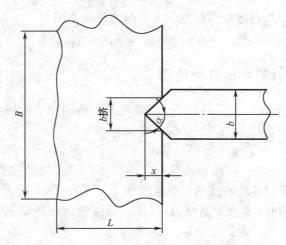

图 2.6 冰对三角形端部的桩柱的挤压

$$P = m \cdot F_携 \cdot R_携 = mb_挤 \cdot h \cdot R_携 \qquad (2-23)$$

式中,m 为桩柱形状系数(表2.5)。

表 2.5 桩柱形状系数 m

桩柱前端尖角 2α	180°	120°	90°	75°	60°	半圆形
系数 m	1.00	0.81	0.73	0.69	0.65	0.9

$F_挤$ 为受挤压面积,$F_携 = b_挤 \cdot h$,$b_挤$ 为受挤压面积的宽度对于三角形端部桩柱的挤压面积的宽度,它有下列关系:

$$b_挤 = 2x \cdot \tan\alpha \qquad (2-24)$$

式中,x 为冰挤压桩柱时的切入深度,此时冰的挤压力为

$$P = 2 \cdot mR_{挤} h \cdot x \cdot \tan\alpha \qquad (2-25)$$

若 K_1 取 2.5,则挤压极限强度 $R_{挤} = 2.5 R_{压}$,因此冰压力为

$$P = 5 \cdot mR_{压} h \cdot x \cdot \tan\alpha \qquad (2-26)$$

冰被桩柱切入深度 x 所需消耗的功为

$$T_{功} = \int_0^x P \mathrm{d}x = 2.5 \cdot mR_{压} h \cdot x^2 \cdot \tan\alpha \qquad (2-27)$$

冰块具有的动能:

$$T_{动} = \frac{1}{2} \frac{\Omega h \gamma}{g} V^2 \qquad (2-28)$$

式中　$\Omega = B \times L$——冰块的面积;

　　　γ——冰块的容量(kN/m^3)。

冰块以行进速度 V 撞击桩柱,其具有的动能消耗于切入,直至动能全部消耗,冰块停止继续切入,其切入深度为 x_0,因此 $T_{动} = T_{功}$,由此可得桩柱切入冰的深度为

$$x = 0.135 \sqrt{\frac{\Omega}{m \tan\alpha \cdot R_{压}}} \qquad (2-29)$$

将 x 带入式(2-25),得冰块被桩柱切入 x 时的最大冰压力

$$P = 0.68 Vh (B \cdot l \cdot m \cdot R_{压} \cdot \tan\alpha)^{\frac{1}{2}} \qquad (2-30)$$

2.6.3　冰载荷计算中的几个问题

在冰载荷计算中,有待解决的问题不少。这里对一些问题进行初步分析。

1. 关于冰的抗压极限强度问题

许多研究试验表明,冰的抗压极限强度与海水的物理力学特性有很大的关系,其中影响较大的有海冰的温度、盐度、密度和加载速度。

当海水的温度降低时,冰质变坚硬,其抗压极限强度就相应增大。而当海冰密度越大时,其冰质也越坚硬,抗压极限强度也越大。

冰的盐度越大,其抗压强度越低。淡水在 0 ℃ 时开始结冰,而海水的结冰唯独却取决于它的盐度,当盐度增加时,它必须在更低的温度下才能结冰。渤海湾塘沽地区,由于受到海河下泄淡水的影响,海水盐度低,一般冬季在 5%~10% 左右,其抗压极限强度约为 50~190 t/m^2。

实验表明,冰的极限抗压强度与加载速率有如下关系:当加载速率增加时,抗压极限强度就明显降低,加载速率快慢不同,抗压强度可相差 2~3 倍。也就是说,当潮流速度较小时,相当于平台对冰层的加载速率越小,这时冰层的抗压极限强度就越大。

2. 关于计算冰载荷作用点的位置

冰层随着潮位的涨落而升降,冰层作用于平台的挤压力的位置也随着升降。根据冰层挤压力一般是在潮流速度较小的接近平潮时刻的分析,再从钻井平台的整体稳定性考虑,最不利的冰压力作用位置应选在高潮时为好。因为此时正值平潮,潮流速小,冰层对平台的挤压力最大,而作用点的位置也最高,对整个平台的倾覆力矩最大。至于对各个局部构件而言,则应根据构件所在的位置具体地分析,确定最不利的作用点位置。

3. 关于冰载荷的作用方向

大面积海冰在风与潮流的推动下移动,因此海冰的移动方向随着风向与流向的不同而不同。根据有关的实测资料,一般来讲,海冰的流向基本上是顺着潮流的流向的,只是当风速较大时,或是当潮流速度较小时(平潮时刻),风才对海冰的流向起作用,因此在设计中确定冰载荷时,应对平台作业地区的潮流方向及出现冰封季节的风的方向做具体的分析。

在平台设计时,要考虑建筑物来向最不利的方向。从冰层挤压平台的实际受力状况分析,当冰层向平台挤压时,斜角上的柱首先受到冰层的挤压。当挤压力达到冰层的极限强度时,冰层破碎,向两侧流过平台,平台的斜角犹如一个尖劈将冰层劈开。显然,在这种情况下,冰层对整个平台的压力就会见效,因此一般来说,当冰层正面向平台时,对整个平台会出现最大的冰压力。

2.6.4 抗冰防冰设计

1. 对于导管架平台抗冰设计

(1) 改变冰排的破坏方式

例如,采用斜面结构或正倒锥体,使冰排由局部压碎变为弯曲破坏,从而减小冰力,改变冰力频率。

(2) 调节结构本身的动力特性

如通过调整结构沿垂向的刚度分布,使冰力作用点处的振型值减至最小,从而有效地防止冰振。

(3) 利用与冰力反相位的外部振荡力

如利用储液罐中液体谐调阻尼作用来防止冰激振动。

2. 重力式平台的防冰设计

(1) 窄侧面沉箱设计

设计一种底座如圆锥形钢外壳,上面加圆柱甲板开构成平台,圆锥形的钢外壳可加热以防止其表面结冰,此法主要用于浅水(6~8 m)。

(2) 全侧面沉箱设计

设计一种底部最大直径为 200 m 的圆锥形钢质外壳重力式平台,其最大抗冰力为 710 MN,相当于 100 年一遇的冰期,适用水深 20~60 m。

(3) 阶梯形重力基础结构设计

水下部分是台阶状的沉箱结构,台阶可提供巨大的集中反力抵抗多年浮冰与冰山的巨大冲击。巨大的反作用能使冰裂开或击碎成冰块,引起冰山或浮冰的多峰型破裂,以消耗巨大的撞击能量。

3. 人工岛的防冰设计

人工岛的防冰设计主要是通过倾斜的截面形状减少海冰的膨胀挤压力与撞击力。

据历史记录,多腿平台在冰力作用下会产生振动,采用正倒锥组合体的效果是明显的。图2.7 所展示的平台是设计经济、刚度适当、结构合理、受力良好、抗冰减振、安全可靠的结构。图 2.8 所展示的平台是处于北极地区阿拉加库克湾的独腿抗冰平台。

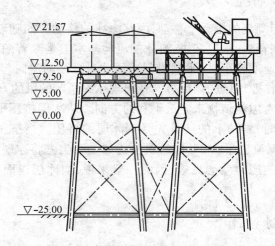

图 2.7 推荐的抗冰平台结构形式

海洋环境还包括海底地震、海洋生物等,这些环境因素对海洋工程结构的强度稳定性、生存期都有重要的影响,详细的内容可参考有关书籍。

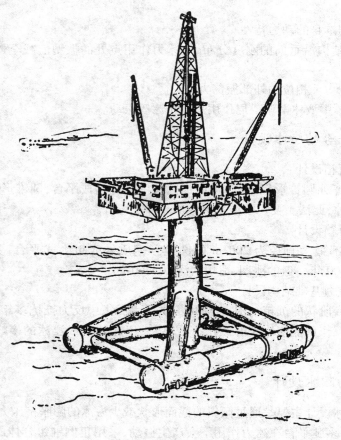

图 2.8 独腿抗冰平台

第3章　浮式钻井装备

3.1　概　述

从地质学家、地球物理学家探查蕴藏在海底的石油储层开始,到石油从海上现场输送到陆地加工厂或储油点,涉及的过程主要有勘探、勘探钻井、开发钻井、生产作业与运输。

1. 勘探

此阶段的任务是试探海底石油储层的位置。一般是从装有专门设备仪器的船上实施地震勘探,系统地描述水下底层结构,发现含油气构造后,可从岩芯钻井船上钻取岩芯。海洋地震勘探多使用非炸药震源(如在海底布置高压气泵、气室,用突然释放高压气的办法产生"爆炸"效果,形成震源)。将电缆及检波器拖在船后一定深度的海中作为地震波的接收器。用电子计算机计算出来得到的地震测线数据,判断地层的岩性以及含油气构造,可直接发现油田。

2. 钻井

一旦确定某海区可能含有油气储层,即可进行勘探钻井。根据钻井得到的地质资料,判知油田结构情况及开采价值。

在有开采价值的海区,即在已知的油气聚集处钻井,以便勘探到最丰富的油气储藏。早期一个平台可钻 8~12 口井,现在设计的平台可钻 32~40 口井。

3. 生产

从采油井或气井开采海底油气。在生产平台上进行油水分离、油气分离、原油加热、气体放空燃烧。在油气处理同时对井监控测量、日常维修。

4. 产品运输

在浅海,用驳船或管线将石油输送至陆地。在深海,通常用油轮往返于处理平台的"码头"与岸边码头之间,穿梭地将近海开采出的海底石油运送到陆上加工厂,所以又将这类油轮称为穿梭轮。对于开采出的海底天然气,常常由海底管线直接输送到岸上加工厂。

作为海洋石油生产系统,把石油从海底开采出来最终送到陆地加工厂,需要以下主要装备:钻井平台、生产平台、储油终端、海底管线、水下生产系统。

随着钻井工业由陆地走向海洋,几种不同类型的钻井结构随之出现。这些钻井结构有坐底式平台、自升式钻井平台和两类浮式钻井结构。这两类结构一类为常规船舶形状的钻井船,另一类为半潜式钻井平台。

(1)坐底式平台　目前已很少应用,它可以在浅水中飘浮,拖到指定位置后通过压载沉到水底。

（2）自升式平台　通常被托运到指定位置后，平台桩腿打入海底，船体升高到距离海面一定高度进行钻井作业。自升式平台一般应用在 500 ft①（152 m）水深以内的海域。

（3）钻井船　外形与普通船舶类似，但是上部布置井架。钻机可通过船体内部的开口（月池）进行钻井。钻井船一般采用锚泊定位或计算机控制技术定位（动力定位）。钻井船通常用于深水中勘探。

（4）半潜式平台　属于可移动浮式结构，有些自带有推进系统。半潜式平台通常分为上部结构，立柱和浮筒三个部分。上部结构和浮筒由立柱连接，浮筒通过压载沉入水面以下。半潜式平台在深水中有较好的稳性。

随着海洋油气开发走向深水，坐底式平台和自升式平台受到水深的限制，浮式钻井装备显示其优越性，成为勘探钻井的主力军。钻井船由于有良好的机动性和巨大的承载能力，在适当的天气条件下常用于远距离的深海作业。与半潜钻井平台和自升式钻井平台类似，目前世界上只有少数的几家公司拥有钻井船。因为其常规的船体外形，钻井船比半潜平台易受风浪影响，所以钻井船通常（并不总是）在海况相对比较稳定的海域使用，而半潜平台则可以用在相对恶劣的海域。但钻井船的这个不利因素恰好可由其本身良好的机动性能来弥补。超过 500 ft（152 m）水深的海域的油气开发和生产，通常使用钻井船和半潜式钻井平台这类浮式结构。

3.2　钻　井　船

钻井船，顾名思义，是用来钻井的船体结构。钻井船可以用于深水，或者很恶劣的海况。典型的钻井船除了具备一艘大型海船所具备的结构设施外，在船体上还布置用于钻井的月池或悬伸平台结构。

钻井船上装备定位系统，可以保持船体与海底钻孔的方位。因为船体形状的结构对波浪的运动比较敏感，易受其所遭遇海况的影响，而钻井作业时船体与钻孔之间有立管和钻杆连接，所以控制船体运动和保持船体姿态是非常重要的。使用动力定位系统的钻井船，在船下部安装电动推进器，能从各方位推动船体运动。这些推进器由船上的计算机系统控制，船上安装传感器并使用卫星定位技术，可以精确地保证船舶与钻孔的方位。

3.2.1　钻井船国际现状

自 1956 年世界首艘钻井船"Cuss1"号建造以来，钻井船已经发展了相当长一段时间，不管是市场还是技术上都达到了相当高的水平。

根据 RIGZONE 的统计，截至 2013 年 8 月全球共有约 120 艘钻井船。由于钻井船的船形结构受风浪影响比较大，所以一般活跃在海况比较温和的海域，主要作业于西非、巴西和东南亚等地附近海域。全球只有 26 家公司有能力从事深水钻井，其中美国公司最多，它们所拥有的深水钻井装置占全球总数的 70%。随着技术的进步，半潜式钻井平台和钻井船不

---

① 1 ft = 0.304 8 m

断更新换代,额定作业水深和钻深能力相应增大。目前的钻井水深纪录和海上钻井井深纪录已分别达到 3 658 m 和 15 250 m。半潜式钻井平台的钻深能力在 6 000 ~ 15 250 m,深水钻井船的钻深能力在 5 000 ~ 12 192 m。这两种在建钻井装置的钻深能力分别达到 9 000 m 或超过万米,并都采用动力定位方式。目前,国际市场上深水钻井装置供不应求,利用率接近或达到 100%,最高日费已突破 50 万美元。主要的钻井船设计公司有欧洲的 GustoMSC 公司,美国的 Transocean 公司,韩国的三星重工等。GustoMSC 公司是著名的海洋工程设计公司,主要设计形式有 P10000 和 P12000。Transocean 公司是目前世界最大的钻井承包商,特别是在深水油气田方面,其钻井船数量位列世界第一,主要设计形式有 Enterprise 和 Enhanced Enterprise。韩国的三星重工是 20 世纪 90 年代崛起的新星,不仅能够建造钻井船,并且拥有自己的钻井船设计形式,主要设计形式有 S10000E 和 SAMS DMS 等。

目前,主要钻井船建造企业采用的钻井船设计形式如表 3.1 所示,表 3.2 列出目前在役的钻井船采用的主要设计形式及基本技术参数比较。

表 3.1 世界主要钻井船公司采用的设计形式

三星重工	Samsung,S10000E,S12000E,SAMSDMS
大宇造船海洋	Enhanced Enterprise
现代重工	Gusto P10000
STX	STX – Huisman GT – 10000

表 3.2 世界主要钻井船设计形式技术参数

设计形式	Samsung	S10000E	Enterprise	Enhanced Enterprise	Gusto P10000
入级	ABS	ABS	DNV	DNV	DNV
最大工作水深/m	3 658	3 048	3 048	3 658	3 658
最大钻井深度 m	10 668	11 430	10 668	12 192	12 192
长/m	228	228	255	255	229
宽/m	42	42	38	38	36
操作吃水/m	12	12	13	13	10
最大可变载荷/t	22 046	20 000	22 050	22 046	22 046
通海井尺寸/m	26 × 12	26 × 9	24 × 9	22 × 9	22 × 13
动力定位	DP3	DP3	DP2	DP2	DP3

3.2.2 钻井船典型船型

1. Gusto P10000 和 Gusto PRD12000 型钻井船

GustoMSC 公司是世界上著名的工程设计公司,其业务范围主要有海工装备(如自升式平台、半潜式平台及钻井船等)及其相关设备。该公司 1969 年开始开发动力定位钻井船,

1972 年推出"Pelican"系列钻井船,该型设计先后建造了 10 艘,至今仍在巴西沿海使用。其他系列还有 G10000,P10000 及 PRD12000。其中,P10000 开发于 20 世纪 90 年代,目前共有 7 艘钻井船采用该设计。而 Gusto PRD12000 系列则是一型较小的设计,没有储油能力,主要是为了降低船舶尺寸、投资和营运成本。两型钻井船鸟瞰图如图 3.1 和图 3.2 所示。

图 3.1　Gusto P10000 钻井船

图 3.2　Gusto P12000 钻井船

Gusto P10000 船型:作业水深 12 000 ft;双井架、双 BOP 和升沉补偿系统吊机;大钩负荷 1 250 t,可以进行复杂的海底采油树作业;生活楼能容纳 210 人;配有三级动力定位。Gusto P10000 系列主要特点之一是在钻井甲板的前后方均拥有很大的自由甲板面积,有效载荷大,可大幅减少运营成本。Gusto P12000 系列是一型紧凑型钻井船,该型设计的特点是船体综合效率高、甲板面积大,紧凑的设计使该型钻井船拥有较高的成本优势,另外该船环保性能和安全性好。

2. Enterprise 和 Enhanced Enterprise 型钻井船

该两型钻井船由 Transocean 公司开发,"Enterprise"型属于第 5 代超深水钻井船,"Enhanced Enterprise"型则是第 6 代超深水钻井船,两型钻井船鸟瞰图如图 3.3 和图 3.4 所示。

图 3.3　Enterprise 型钻井船

图 3.4　Enhanced Enterprise 型钻井船

Enterprise 型钻井船是世界上首艘采用 Transocean 公司专利"双动钻井技术"的超深水钻井船。拥有该技术的钻井船在其钻井甲板上设计了两个大型转盘,大小是常规转盘的两倍以上,两艘钻井船在一个单独的巨型井架下可进行平行操作,自动化的钻管操作系统允许两艘钻井船一体化操作,因此可减少 40% 的超深水开发成本。

相比"Enterprise"型,"Enhanced Enterprise"型钻井船的最大工作水深和钻井深度均有所提高,除均采用"双动"专利技术外,"Enhanced Enterprise"级相比"Enterprise"级,主要在顶部驱动、钻井液系统、采油树操作能力和动力管理方面有了进一步的增强。

3. S10000E 型钻井船

S10000E 系列钻井船由三星重工开发,三星重工自 1996 年获得首个钻井船建造合同至今,共获得了 48 艘钻井船订单,其中有 22 艘采用该设计,是三星重工最常见的钻井船设计形式。该型钻井船采用双井架钻井系统,具备自动操作钻管和自动接管能力,可存储、操作数个采油树,并拥有先进的钻井液系统设计、先进的立管和防喷器系统,如图 3.5 所示。

图 3.5 S10000E 钻井船

3.3 钻井平台

半潜式钻井平台(图 3.6),又称立柱稳定式平台,主要由浮体、立柱和工作平台三部分组成,具有良好的运动特性,能够适应较恶劣的海况条件,可以在较深海域作业。浮体提供给平台大部分的浮力,立柱用于连接平台和浮体并支撑平台。工作平台即上部结构,用于布置钻井设备、起吊设备、钻井器材、安全救生、动力、通信、导航设备和人员生活设施等。

图 3.6 半潜式钻井平台

3.3.1 半潜式钻井平台的发展历程

根据 RIGZONE 的最新统计,截至 2016 年 5 月全球共有 196 座半潜式钻井平台,主要分布在美国墨西哥湾、英国北海、巴西、西亚和东南亚等地。从作业水深方面来看,现有的深水半潜式钻井平台的额定作业水深从 500 m 至 3 658 m 不等,能用于 500 ~ 1 500 m 水深作业的有 36 座,1 500 m 以上水深的 111 座,占总数的一半以上;从钻井深度来看,现有的深水半潜式钻井平台的钻深能力在 6 000 ~ 11 430 m,现役平台绝大部分都超过 6 100 m。

自 20 世纪 50 年代以来,半潜式平台主要经历了两次建造高峰期,第一次为 1973 至 1977 年间,第二次为 1982 至 1984 年间。在役的半潜式钻井平台主要由美国、韩国、日本、挪威等国船厂承制,而设计技术主要由美国 F&G 和 ENSCO 公司、荷兰 Gusto MSC 公司、瑞典 GVA 公司、挪威 Moss Maritime 公司和其他几家挪威公司完成。半潜式钻井平台经历了 6 个发展阶段,船体和钻井设备的性能指标也不断改善,而具有深水钻井作业能力的是从第三代开始。

各阶段的代表平台及参数如下。

第一代半潜式钻井平台出现在 20 世纪 60 年代中后期到 1971 年前,由座底式平台演变而来,这个时期平台作业水深为 90 ~ 180 m,采用锚泊定位。1961 年诞生的 Ocean Driller 为 3 立柱结构,甲板呈 V 字形;Blue Water 钻井公司拥有的 Rig NO.1 半潜式平台为 4 立柱结构,该平台为 Shell 公司设计;1966 年 Sedco135 半潜式平台为 12 根立柱,为 Friede & Goldman 公司设计,这个时期的平台结构布局大多不合理,设计缺乏连续性,设备自动化程度低。

第二代半潜式钻井平台主要在 20 世纪 70 年代(1971—1980 年),出现了以 Bulford Dolphin,Ocean Baroness,Noble TheraldMartin 等为代表的第二代半潜式钻井平台,这类平台作业水深 180 ~ 600 m,钻深能力以 6 096 m(20 000 ft)和 7 620 m(25 000 ft)两种为主,采用锚泊定位,设备操作自动化程度不高,双下体,机动性较好,标准化,有了移动离岸钻井装置规范,是当今最常见的平台形式。

第三代半潜式钻井平台在 1980—1984 年,出现了以 Sedco714,Atwood Hunter,Atwood Eagle 和 Atwood Falcon 等为代表的第三代半潜式钻井平台,此时平台作业水深 450 ~ 1 500 m,钻深以 7 620 m(25 000 ft)为主,采用锚泊定位,结构较为合理,双下体,有储备浮力(引进船的概念),吸取了 Alexzander Kielland 和 Ocean Ranger 的教训,撑杆很好的设计,操作自动化程度不高。这类平台是二十世纪八九十年代的主力平台,建造数量最多。同期平台还有 F & G Enhanced Pacesetter 公司设计的 Pride Venezuela;Pride South Atlantic 以及 Aker H23 设计的 Ocean Winner 和 Deepsea Bergen 等。

第四代半潜式钻井平台出现在 20 世纪 90 年代末(1984—1999 年),以 GVA4500,Jack Bates,Noble Amos Runner,Noble Paul Romano 和 Noble Max Smith 为代表,平台更大,适应更恶劣的环境,其作业水深达 1 000 ~ 2 000 m,钻深以 7 620 m(25 000 ft)和 9 144 m(30 000 ft)为主,锚泊定位为主,采用推进器辅助定位并配有部分自动化钻台甲板机械,设备能力与甲板可变载荷都有提高。DeHoopMegathyst 公司设计的 Pride Brazil,Pride Carlos Walter,Pride Portland,Pride Rio de Janeiro 均属此级别平台。

第五代半潜式钻井平台在 2000—2005 年期间,出现了以 Deepwater Nautilus,Ocean Rover,Sedco Energy 和 Sedco Express 为代表的第五代半潜式钻井平台,其作业水深达

1 800~3 600 m,钻深能力在 7 620~11 430 m(25 000~37 500 ft)之间,采用动力定位为主,锚泊定位为辅的定位方式,能适应更加恶劣的海洋环境。由 SedcoForex 公司设计的第五代半潜式平台采用模块化的甲板构件和 2 台独立的管子垂直移运排放机等自动化设备,提高了钻管移放速度。

第六代半潜式钻井平台出现于 21 世纪初,作为目前世界上最先进的第六代半潜式钻井平台如 Scarabeo9、AkerH-6e、GVA7500、MSCDSS21 等相继诞生。第六代半潜式钻井平台作业水深达 2 550~3 600 m,多数为 3 048 m,钻深大于 9 144 m(30 000 ft),采用动力定位,船体结构更为优化,可变载荷更大,配备自动排管等高效作业设备,能适应极其恶劣的海洋环境。

第六代平台比以往钻井平台更先进的设计在于采用了双井口作业方式,即相对于陆地钻机而言,平台钻机具有双井架、双井口、双提升系统等。主井口用于正常的钻井工作,辅助井口主要完成组装、拆卸钻杆及下放、回收水下器具等离线作业。虽然平台的投资有所增加,但是对于海洋钻井作业效率的提高是显著的。据相关资料介绍,双井口钻井作业在不同的作业工况下可以节省 21%~70% 的时间。

3.3.2 半潜式钻井平台的技术发展趋势

1. 适应能力增强

能生存于百年一遇的海况条件,适应风速达 100~120 kn,浪高 16~32 m,流速 2~4 kn。可望达到全天候的工作能力。工作水深 4 000~5 000 m 的平台有望在未来的 10 年出现。

2. 可变载荷增大

采用先进的材料和优良的设计,自重减轻,可变载荷增大,以适应更大的水深和钻深。甲板空间增大,钻井等作业安全可靠性提高。

3. 采用高强度钢

采用强度高、韧性好、可焊性好的高强度钢(比例占海上结构用钢的 25%~50%)和甚高强度钢,减轻结构自重。

4. 外形结构简化

立柱和撑杆的形式简化,数量减少(立柱直径增大提高了稳性;撑杆、K 和 X 形节点减少或取消,降低了焊接难度,减少了疲劳),下浮体趋向采用简单箱型(环形浮体的出现提高了强度,增大了平台装载量),平台主体也为规则箱型结构,并出现 1~2 m 双层底。

5. 装备更加先进

装备更新一代的钻井设备、动力定位设备和电力设备,监测报警、救生消防、通信联络等设备,平台作业的自动化、效率、安全性、舒适性等都有显著提高。

6. 多功能化、系列化

平台的造价高,最大程度地利用平台在运营中受到关注,具有钻井、修井、采油、生产处理等多种功能。

3.4 新概念钻井平台

随着海洋油气开发技术的进步,也出现了一些新概念的钻井平台,如 FDPSO。20 世纪 90 年代在巴西国家石油公司 PROCAP3000 项目中 FDPSO 的概念被首次提出,随后立即成为海洋工程界面向深远海洋石油开发的新式浮体的研究焦点,经过近些年来的研究,发展出了一些 FDPSO 和与之相关的新型装备。目前世界上以两种 FDPSO 的设计概念为主,根据两种不同的采油方式对其划分,一种采用湿式采油树,即采用水下生产系统,称为湿树 FDPSO;另一种采用干式采油树,即主要通过在月池内设置甲板以放置采油树,称为干树 FDPSO。

浮式钻井生产储卸油系统(FDPSO, floating drilling production storage and offloading system)是在 FPSO 的基础上发展起来的一种新概念浮体,即在浮式生产储油系统的基础上增加钻井模块,以完成试井、测井等工作,这种模式集钻井、采油、处理、储卸油多种功能为一体,可以有效地缩短整个开发周期,从而节省成本,是深海和边际油田开发的理想装置。

3.4.1 FDPSO 的组成及特点

FDPSO 由上部甲板模块、船体、钻井模块、定位系统和立管系统五部分组成。

1. 上部甲板模块

上部甲板模块设有油气生产和污水处理设备、供电供热系统、泥浆循环系统、生产控制系统、生活区和直升机平台等。油气生产设备将原油处理合格后储存于舱内。污水处理设备将生产污水处理后一部分排入海里,一部分作为油田注水的水源。供电供热系统将 FDPSO 生产过程中分离出来的废气作为燃料进行发电和加热锅炉,锅炉产生的热量供生产流程加热使用。泥浆循环系统位于钻井月池前方,包括泥浆泵、泥浆混合间等,可以连续向钻头提供清洁的泥浆,并对回流的泥浆再处理,使之可以重新利用。生活区为平台上生产操作人员提供办公、生活和休息的场所。直升机平台为海上人员往来和应急之用。

2. 船体

船体主要包括储油舱,用于储存处理合格的原油,除此之外,还设有压载水舱、燃油舱、淡水舱、机泵舱、锚链舱以及与生产模块相关的工艺舱等。压载水舱用于注水加载来调整船体的浮态和稳性。燃油舱储存提供平台动力装置的燃油。淡水舱储存供应平台工作人员所需的淡水。锚链藏储藏平台定位所需的锚链。

3. 钻井模块

钻井模块位于船体中部钻井月池处,由井架、提升设备、转动系统、钻杆、升沉补偿系统、井控系统等组成。井架是一种桁架结构,下端坐落在轨道上,可以前后或左右移动。提升设备与井架密切相关,由绞车、钢丝绳、井架顶部的天车、游动滑车和大钩组成,在下钻和起钻时装卸钻杆或吊装水下器具等。转动系统为一转动转盘,带动钻杆进行钻井作业。升沉补偿系统补偿船体的垂荡运动,减小由平台的飘移和摇摆引起的钻井立管的弯曲力矩和应力集中。井控设备是对油气井实施压力控制,对事故进行预防、监测、控制、处理的关键设备,是安全钻井的可靠保障。

4. 定位系统

FDPSO 的定位系统可采用动力定位和系泊定位两种方式。动力定位系统是一种闭式的循环控制系统,其功能是不借助锚泊系统的作用,而能不断地自动校对船体的位置,检测出位置的偏移量,再根据外界扰动力的影响计算出所需推力的大小,并对各推力器进行推力分配,使各推力器发出相应的推力,从而使平台回复到所要求的位置。动力定位系统主要由位置测量系统、计算机控制系统和推力系统三部分组成。动力定位系统不受水深的限制,能够快速准确地进行定位。

系泊定位系统包括导缆器、系泊缆和锚组成。导缆器为定滑轮结构,是系泊缆与平台的连接点。系泊缆一般由上部锚链、中段螺旋钢缆(或尼龙缆)和底部锚链三部分组成。系泊缆索承受的拉力载荷由海底锚结构来承担。

5. 立管系统

FDPSO 的立管系统包括生产立管和钻井立管两种。生产立管把海底的油、气传输到平台上,一般采用柔性立管和悬链式立管,其弯曲刚度比同尺度的钢管的弯曲刚度小很多。钻井立管可以采用顶张紧式立管(Top Tension Riser,简称 TTR)。每个 TTR 通过自带的浮力罐提供张力支持,立管的轴向载荷与壳体运动解耦,同时使得平台对水深也不是很敏感。

FDPSO 装置的特点:

(1)建造成本相对于钻井系统和生产储油系统较低,生产周期短,能够在钻井的同时进行生产;

(2)应用水深范围广,从近岸油田到边缘油田,从边际油田到巨型油田都可以应用 FDPSO;

(3)FDPSO 易于建造和安装,当油田停产后,还可以到新的油田重复使用;

(4)FDPSO 集钻井、生产、储存和卸载于一体,同时也集发电、供热和通信指挥等于一体,是技术密集和危险源高度集中的生产装置。

3.4.2 几个新概念 FDPSO

1. 湿树 FDPSO

目前,世界上在建和在役的湿树 FDPSO 共有两艘,即 HDPSO Azurite 和 MPF-1000。FDPSO Azurite 是世界上第一艘 FDPSO,由旧油轮改造而成;MPF-1000 则是世界上第一艘新建的 FDPSO,这两艘 FDPSO 的基本工作原理一致,但具体的建造过程不同。

世界第一艘 FDPSO"AZURITE"号 FDPSO 是新加坡吉宝(Keppel)造船厂于 2009 年由一艘现有的超大型油轮改装而成的,船东为全球主要 FPSO 运营商之一的新加坡 Prosafe 生产公司,同年 8 月正式开始在 Murphy 石油公司位于刚果的 Azurite 油田投产作业。2005 年 1 月,Murphy 公司宣布在 Azurite 油田 1 381 m 深的水域探测到约 49 m 厚、质量上乘的纯产油层,且根据分析表明其蕴含的石油储量可能超过 1.0 亿桶。2007 年 9 月,Murphy West Africa Ltd 与 Prosafe ASA 签订项目合同,共同对距离刚果约 80 海里,水深 1 400 m 的目标海域 Murphy's Mer Profonde Sud Azurite 进行开发，Prosafe 公司负责浮式生产储油系统改装和船舶的运行维护，Murphy 公司负责钻井部分建造和钻井作业。

Azurite FDPSO 是通过改造现有的"Fina Europe"VLCC(Very Large Crude Carrier，超大型油轮)完成的，重新进行了甲板布局，在船体中部添加月池，配备可装卸的钻井模块等一系列工作，其储油能力能达到 1.3 MMb/d，处理能力达到 40 000 b/d。这种设计能够有效地降低开发成本，节省深水油田钻井，并且能够作为早期油气田生产系统进行油气存储。

考虑到 Azurite 油田位于西非海域，水深在 1 100~2 000 m 之间，西非海域的海浪状况相对温和，风浪很小，因此"Azurite"号 FDPSO 采用多点锚泊定位(spread-moored)的系泊方式，能够抵御 10 年一遇大风浪并进行安全钻井作业。

"MPF-1000"FDPSO 是挪威人 Wilhelm P. Blystad 在 20 世纪 90 年代提出的多功能浮体(Multi Purpose Floater，简称 MPF)概念，多功能浮体的概念设想是设计出集有钻井、采油、加工、储油等功能的海上石油开发浮体。2001 年启动的大型科研项目"Demo 2000"得到了挪威政府和多家石油公司的资金支持，经过 3 年多的研究，确定了 FDPSO 的设备配置和主要参数；并且针对西非和挪威海域的海况进行了船体模型水池实验。

MPF-1000 是世界第一艘新建的 FDPSO，主要由船体、钻井系统、采油生产设备、快速释放系统和动力定位系统几个部分组成，主船体长 297 m，宽 50 m，高 27 m，设计最大工作水深为 3 000 m，最大钻井深度为 10 000 m，设计存储能力为 1 MMb/d。

MPF-1000 的特点：

(1)具有钻井、采油、储卸油功能；
(2)采用湿式采油树、混合立管进行采油；
(3)采用双月池设计，钻井井口和后期生产井口集成的，经济高效，其中钻井月池位于船体中间位置，可降低风浪对钻井作业的影响，为扩大船体首摇运动范围，生产月池位于船体尾部；
(4)采用动力定位(DP3 等级)，可在恶劣海况下进行作业；
(5)拥有 8 台水下推进器，船首和船尾各分布 4 个推进器；
(6)拥有额外的系泊系统，用以辅助动力定位系统；
(7)钻机系统固定，不可移动，钻机的升沉补偿采用天车补偿装置；

MPF-1000 结合了 FPSO 和钻井船的功能，既可以单独作为钻井船使用，也单独设置为 FPSO 使用。

2. 千树 FDPSO

(1)FDPSO-SRV

美国 Novellent LLC 公司提出将带有钻井功能的隐藏式立管浮箱 SRV(sheltered riser vessel)技术应用于 FPSO，以适应西非 2 500 m 深海海域的特殊海洋环境。SRV 设计理念的功能类似于 TLP，主要利用立管张力和上部浮箱的剩余浮力保持平衡。

SRV 位于 FPDSO 船体甲板中央的月池中，采用了月池外加防护板的保护措施，降低了环境载荷对它的作用，同时保证了其基本不受船体运动的影响，大大降低了垂向运动，为钻井作业的顺利进行提供了良好的工作条件。SRV 不但能为立管系统提供足够大的张力，能够达到干式完井所需满足的各种条件，有利于深海钻采作业的顺利实施，更重要的是由于它与船体之间相互独立，仅通过活动装置连接，从而能够保证了立管张紧力不会对 FPDSO

船体运动产生影响;同时,船体的纵摇和横摇运动,特别是垂荡运动也几乎不会影响和改变 SRV 立管的张力。

(2)FDPSO-TLD

FDPSO-TLD 的概念最早由 SBM 公司提出,是将浮式生产系统(FPSO)与 DClKDry Completion Unit,干式井口采集单元结合,以实现干式采集,具体是在 FPSO 中部建造一个月池,月池中放置钻井甲板,钻井甲板上部通过钢丝绳和滑轮与配重相连接,下部通过张力腿连接到海底。该装置是根据 TLP 提出的,类似于小型 TLP 平台,可以将钻井的主要设备和防喷器、隔水套管式采油树都布置在 TLD 上,免除了水下机器人的辅助,使井口设施的维护和维修都变得非常方便,能够有效地降低深水油气开发成本。其中 TLD 系统的具体设计与常规 Spar 和 TLP 平台不同,张力腿上的预张力不是由船体浮力提供,而是通过与绳索、滑轮相连的配重提供张紧力,将甲板悬浮在钻井月池内。为避免波浪的作用并减少摆动将配重置于 100 m 深的水下。这种设计对 TLD 甲板的运动具有一定程度的补偿作用,使得钻井甲板几乎不受船体运动的影响。

SBM 公司于 1998 年 6 月在 MARINTEK 水池对 FDPSO-TLD 模式进行了原理性模型实验,成功验证了这种模式具有较好的运动抑制效果。随后在 2002 年前后在 MARIN 水池进行了一系列水池试验,对船体运动及 TLD 系统的运动补偿效果进行了验证。该船的主要生产模块位于船首部位,钻井模块布置在船体中部,生活区位于船尾。其中,位于中部的钻井系统和干式采集单元由 TLD 甲板支撑。表 3.3 给出了 2003 年 SBM 公司提供的一艘能够满足西非海域典型环境条件的 FDPSO-TLD 的具体参数。

表 3.3 FDPSO-TLD 船体设计参数

船长	395 m	空船重	146 636 t
船宽	72 m	可变载重	520 000 t
船高	32 m	储油能力	2.2 百万桶
吃水深	15~20 m	日处理液体能力	400 000 桶/天
干式采油树数	32 个	外输能力	45 000 桶/小时
月池数量	2 个	满足百年一遇环境条件	浪高 4.5 m
月池长度	45 m		风速 27.2 m/s
月池宽度	28.8 m		表面流速 1.2 m/s

(3)Sevan DriIler

Sevan Driller 号(图 3.7)是中远船务为挪威塞旺海事(Sevan Marine)公司建造的圆筒形超深水半潜式海洋钻井储油平台,造价 6 亿美元,是当今世界海洋石油钻井平台中技术最高,作业能力最强的领先高端产品。2009 年 11 月 Sevan Driner 号在中国南通启东船务建造完成,2010 年 6 月开始在巴西的油田进行服役。

这艘多功能钻井储油平台的建造外形相比其他 FDPSO 有所不同,采用新型的圆柱主体浮式结构,这种结构形式既可以建成钻井平台,又可以建成 FPSO。Sevan 形式具备较大的甲板空间并能承担较大的可变载荷,可以在较恶劣的海洋环境条件下进行生产作业,因此 Sevan Marine 公司认为该平台也适合用作 FDPSO。Sevan 钻井平台的功能定位已比较接近

图 3.7 Sevan Driller 结构示意图

FDPSO,其功能包括钻井、采油、储油,并预留了原油外输设备的空间,但不具备油气处理模块。通常情况下,钻井由钻井平台进行,储油由 FSO 实现,而该平台实现了集钻井平台与储油一体化设计,拥有 8 个货油船,能够将油井中的油直接储存在货油船内,极大地提高了经济效益。

Sevan Driller 号总高 135 m,主体直径 84 m,主甲板高度 24.5 m,上甲板高度 36.5 m,钻台高度 44.5 m,空船质量 28 180 t,具备 2 万吨的存储能力,可储存 15 万桶原油。Sevan Driller 号配置了全球最先进的 DP-3 动态定位系统和系泊系统,其设计水深为 3 810 m,钻井深度 12 192 m,能适应英国北海零下 20 ℃ 的恶劣海况。它的成功建造代表了当今世界上钻井平台的顶级水平。

普通 FDPSO 的船型外观设计是为了降低沿船体前进方向的阻力,但是作为定点采油平台又必须满足在海面上保持稳性的要求。船型 FDPSO 为满足该要求,需要借助复杂的旋转接头通过系泊转塔进行海底管线连接。而 Sevan 形式为圆筒形设计,根据理论研究和水池实验可知在执行海洋定点作业时,圆筒形结构比船型结构具备更好的稳性,且抵御环境载荷的能力也高于船型,更重要的是,这种形式对于风浪流的方向不敏感,不需要根据来流方向调整平台艏向,这对于双月池结构的 FDPSO 非常适用。Sevan 形式具有较大的甲板可变载荷和装载能力,横摇和纵摇优于半潜式平台,垂荡运动幅度大于普通半潜式平台,且 Sevan 船型的水线面积远大于普通半潜式平台,储卸油对平台的吃水影响不是很大。

目前,已建成的 FDPSO 分别为船型和圆筒形。船型 FDPSO 具有储油量大、移动灵活、安装费用低、便于维修与保养等优点,但由于钻井装置的存在,当海洋环境方向变化较频繁时,作业效率较低,且安全性不高。圆筒型 FDPSO 由于其全对称性,作业时不受环境条件方向变化的影响,且建造方便,安装工艺简单,具有较大的可变甲板负载,但由于其水线面面积较大,其垂荡性能不理想,对钻井作业非常不利。John 等针对西非海域和巴西海域的环境特点,提出了一种半潜型 FDPSO 概念,Oil Box,其形式如图 3.8 所示。Oil Box 由 1 个下浮体、4 个立柱和一个中央体组成。下浮体主尺度为 183 m×84 m×32 m,包括压载水舱和储存 2 000 000 BBL 原油的储油舱。立柱高 49 m,干舷 17 m,吃水 69 m,立柱和中央体提供平台所需的浮力。上层建筑由钻井模块、生产模块和生活区组成。

Oil Box 概念提出主要有三个目的:方便 30 m 宽的运输驳船进行浮拖法安装上部模块;小水线面和深吃水设计减小平台的运动幅度;采用张紧式立管。

图 3.8　半潜型 FDPSO – Oil Box

为了克服半潜型 FDPSO 吃水受载重量影响较大的缺点，Oil Box 采用特殊的储油系统。根据石油和水密度的不同，石油占据油舱的上部，而水占据油舱的下部。当生产时，进入油舱的油将同样体积的水，经过水处理系统排出大海。水处理系统确保排出的水清洁。另一方面，当外输时，输出的油的体积由大海中的海水进入油舱填补。为了保持 Oil Box 吃水恒定，等质量的压载水必须进入或移除来补偿油和水体积的变化。这可以通过每个柱提供的压载水舱得到。在装载/卸载时，油/水舱的任何突然变化都被大气调节舱抑制，在大气调节舱中，油和水的交界面可以自由波动。在加载过程中，油注入油缓冲舱，油缓冲舱与位于沉箱内的四个储油舱相连。当油缓冲舱中的油面升高时，油柱增加的高度将会使储油舱下部的水排入到水缓冲舱。水缓冲舱中的水将会由潜水泵抽入到水处理装置，然后排入大海。

第4章 浮式生产平台

4.1 概 述

海洋油气资源开发可以分为4个阶段：勘探（Exploration）、开发（Development）、生产（Production）和退役（De-commissioning）。在生产阶段，最主要的装备就是生产平台。早期，由于海洋油气开发主要在近海，因此能源公司主要是利用钢制导管架桩基平台或混凝土平台开采油气资源，而随着海洋油气开发逐渐向深水发展，浮式生产储油卸油装置（FPSO）、半潜式生产平台（SEMI）、张力腿平台（TLP）及立柱式平台（Spar）等一些主要用于深海油气田开采的浮式生产设施越来越多。

运营中的浮式生产装置以 FPSO 为主，数量占到总运营数量的63%以上，其次是半潜式生产平台（SEMI）占17.1%，张力腿平台（TLP）占9.0%，立柱式平台（Spar）占7.3%。四类主流的浮式生产装置的比较如表4.1所示。

表4.1 四种浮式生产装置比较

	FPSO	Semi-FPS	TLP	Spar
工作水深/m	30~3 000	80~2 400	100~2 000	600~3 000
适用海域	浅海、深海、超深海	深海、超深海	浅海、深海	深海、超深海
造价/亿美元	2~11（不同型号差异大）	2~5	常规5~7 小型1~2	1.5~5.0
目前签约量/座	196	48	27	21
优点	生产系统投产快，投资低，若采用油船改成FPSO,优势更为显著；可按各种油田的开发需要灵活运用；储油能力大；使用寿命长，移动灵活，装置可重复使用；初期投资小；应用水深范围大，浅水、深水都适用	巨大的甲板面积和装载容量；对甲板载荷不敏感；外形结构简化；半潜式生产平台可由钻井平台改造；易于连接钢制悬链线立管；可支持数量较多的立管；船体安全性良好和无须海上安装	平台运动小，结构平稳，对疲劳要求降低；可使用干式采油树，维修方便，易于管理低；采油操作费用；能同时具有TTR和SCR；海底井口与干树直接通过生产立管垂直连接；可应用于大型和小型油气田	运动性能较好；可使用干式采油树；安全性好；浮心高于重心，能保证无条件稳定；能保证平台在钻井和生产过程中都具备良好的稳定性；经济性好，成本不会随水深增加急剧增加；具有较大的甲板可变载荷

表 4.1（续）

	FPSO	Semi-FPS	TLP	Spar
缺点	需采用水下湿式井口；油井直接操作的费用可能很高；若采用转塔系泊系统,费用会显著增加	需采用水下湿式井口,不易于井口操作和维修；平台运动性能较差；大部分没有储油能力,需用管线外输	可变载荷小；对上部结构的质量非常敏感；对高频波浪力敏感；张力腿易费用高且易疲劳；没有储油能力	井口立管及其支撑结构的疲劳损伤较严重；可能发生涡激运动；建造要求高；运输安装复杂且费用高

4.2 半潜式生产平台

4.2.1 半潜式生产平台国内外现状

早期的半潜式生产平台由半潜式钻井平台改装而成,后来由于其良好的性能而得到广泛接受,逐渐开始出现新造的平台。统计发现,近 20 年是半潜式生产平台的发展高峰,到 2015 年为止,世界上正在服役的半潜式生产平台有 48 座,其中包括 25 座由半潜式钻井平台改造成的平台、23 座新建平台,另有 2 座平台在建,1 座被弃单平台。巴西、挪威和英国北海是使用半潜式生产平台较多的海域。美国墨西哥湾是海洋石油资源开发的重要海域,但这里半潜式生产平台应用较少,应用实例如 2003 年投产的 Na Kika 平台、2005 年投产的 Thunder Horse 平台、2006 年安装的 Atlantis 平台。

目前,大吨位且抗恶劣海况的半潜式生产平台不断涌现,最大作业水深已达 2 415 m,最大排水量已达 188 968 t,上部设施最重已达 50 500 t,高峰日产原油达 4.3×10^4 m^3,高峰日产天然气达 $3 679 \times 10^7$ m^3。从作业于环境条件恶劣海域的 18 座半潜式生产平台的统计数据看,新建比例为 81%,平均排水量为 62 175 t,上部设施质量为 11 165 t,且可抵抗百年一遇以上的环境条件。

1996 年 3 月,我国第一座半潜式生产平台"南海挑战"号投产于南海流花 11-1 油田,它是由一艘 1975 年建造的半潜式钻井平台改装而成,其作业水深为 310 m,设计排水量为 28 379 t,采用 11 根系泊缆实现海上定位,为台风期间不解脱设计,共有 25 根生产立管,设计高峰年产原油为 2.86×10^6 t。目前我国已能设计建造 3 000 m 水深作业的半潜式钻井平台,但深水作业的半潜式生产平台还处于研发阶段。

尽管不同油气田的半潜式生产平台的基本结构相似,但其生产能力、尺寸、质量等指标变化范围较大。巴西、非洲和东南亚一带早期的半潜式生产平台日处理能力仅为 10 000 ~ 25 000 桶,近几年投产的半潜式生产平台的处理能力大为提高,例如,墨西哥湾的 Thunder Horse 平台的油气处理能力达到了 25 万桶/日、北海的 Asgard B 平台日处理能力为 1.3×10^5 桶油和 3.68×10^7 m^3 天然气。

从事深水半潜式生产平台设计的公司较多,如 ABB Lumus Global 公司、美国的 Friede & Goldman 公司、ATLANTIA OFFSHORE LIMITED 公司、SBM-IMODCO 公司、GVA

CONSULTANTS AB 公司、挪威的 Aker Kvaerner 公司、荷兰的 Marine Structure Consultance 公司和 Keppel 集团等。有能力承建的公司主要有韩国的大宇船厂、三星重工、新加坡的吉宝公司和 SembCorp 海洋公司(Jurong 造船厂和 PPL 造船厂)、美国的 Friede&Goldman 公司、挪威的 Aker Kvaerner 建造公司、中国的烟台来福士海洋工程有限公司和大连新船重工公司等。

4.2.2 半潜式生产平台的结构和特点

半潜式平台,是从坐底式平台演变而来的,因而二者在平台结构原理上有许多相同之处,都是主要由立柱提供工作所需的稳性。半潜式平台是部分结构浸没于水面下的一种小水线面的浮式平台。半潜式平台的结构组成,如图 4.1 所示。

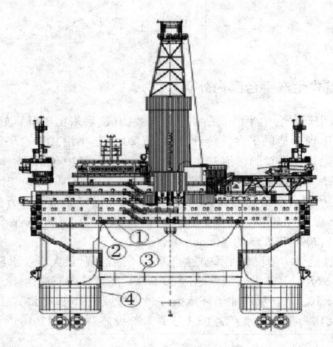

图 4.1 半潜式平台结构组成

1. 上层结构

上层结构主要提供作业场地,承载钻井生产和生活设备。上层结构是由甲板、围壁以及横纵向舱壁组成的空间箱型结构。其甲板一般分为几层,如主甲板、中间甲板、下甲板、底板等。平台主体可以是一个整体的箱型结构,也可以是若干个横纵向箱型结构的组合体,如"口"字形、"田"字形、"井"字形等。

2. 立柱

连接上层平台与下浮体,支撑上层平台,提供小部分浮力,保证平台的稳性,立柱内可设置锚链舱等。立柱从外形可以分为圆立柱和方立柱、等截面立柱和变截面立柱。早期半潜式平台立柱多数为等截面圆立柱,现代半潜式平台多数为变截面方柱。立柱从立柱的粗细上可分为起稳定作用的粗立柱和只起支撑作用的细立柱。立柱的数目随着半潜式平台的发展,呈现逐渐减少的趋势,第五和第六代半潜式平台一般为四根或六根。立柱一般由外壳、垂向扶强材、水平桁材、水密平台、非水密平台、水密通道围壁和水密舱壁所组成。立柱结构主要可分为普通构架式结构、交替构架式结构、纵横隔板式结构和环筋桁架式结构等。

3. 撑杆

连接立柱、下浮体和上层平台,使平台成为形成一个完善的空间结构,使平台内力分布更合理。早期平台撑杆繁多,一般有多根水平横撑、水平斜撑竖直撑杆、竖向斜撑等,现代半潜式平台多数只保留了连接左右舷侧立柱的水平横撑,利用其有效地抵抗立柱和下浮体所受的波浪横向分离力作用。

4. 下浮体

提供大部分浮力,设置压载水舱,通过排水、灌水完成平台的上浮、下沉。下浮体的式样基本可分为双下浮体式和环型下浮体式两类。双下浮体式是最常见的类型,其由两根细长的下浮体分列左右,每根下浮体上的立柱数可以有两根、三根、四根等。下浮体结构就是由若干个横舱壁和外壳组成水密壳体。结构设计需要保证其结构的水密性和强度,由于浮体纵向弯矩较大,因此其多采用纵骨架式结构,许多平台的下浮体还布置至少一个连续的中纵水密舱壁。为了减小平台在移位时的水阻力,可以将下浮体的首尾两端做成流线型体。环型下浮体式,是将立柱立于一个水平剖面为闭合环面的下浮体上,模型试验表明此种形式耐波性较好,但拖航阻力较大。

半潜式平台的主要特点:外形结构简单,减少了建造成本,运动性能优良(纵横摇小于 $\pm 2°$、垂荡小于 ± 1 m、飘移小于 $1/20$ 水深),抗风浪能力强(抗风 $100 \sim 120$ kn、波高 $16 \sim 32$ m),甲板面积和可变载荷大(高达 9 000 t),多用途(钻井、固井、测井、试油、修井、生产、起重和铺管等),适应水深范围广($80 \sim 3\,000$ m),钻机能力强(钻井深度 $6\,000 \sim 10\,000$ m),钻井物资储存多,适应全球远海、超深水、全天候和长时间作业的需求。

半潜式平台的主要缺点:需采用水下湿式采油树,不易于井口操作和维修;当需要对油井进行直接操作时,费用可能会很高;大部分没有储油能力,需用管线外输等。

4.3 张力腿平台

4.3.1 张力腿平台的发展历程

1954 年,美国的 R. O. Marsh 首先提出了采用倾斜系泊方式的索群固定的张力腿(TLP)方案,这引起了广大理论研究者和工程技术人员的极大关注。1962 年,英国石油开发公司在苏格兰附近海域 30 m 水深处建造了一个 124 t 的三角形 TLP 试验平台"Triton",进行了全面的理论分析和实验研究,结果表明这种平台在波浪中的运动性能优良,大大推进了 TLP 的发展。到了 1974 年,美国深海石油技术公司在加利福尼亚附近海域 60 m 水深处安放了一座 650 t 的 TLP 试验平台"Deep Oil X – 1",对其进行了长达五年的试验研究和理论分析,在其运动性能、张力腿内张力变化规律和海底锚固基础等特性和指标多方面得出了大量的数据和结论。与此同时,日本、意大利、挪威、荷兰等国的海洋工程科研机构也投入了大量的人力和物力进行了大量的理论和试验,全面研究其总体性能、主尺度优化、张力腿内张力特性和施工安装等具体环节,提出了种类繁多的张力腿平台方案。

在近30年的试验和理论研究的基础上,1984年8月世界上第一座实用化TLP由Conoco公司在英国北海Hutton油田157 m水深处建成投产,取得了良好的经济效益。随后,1989年11月美国大陆石油公司在墨西哥湾Jolliet油田528 m水深处建成一座张力腿井口平台。1992年挪威Saga石油公司在挪威北海Snorre油田建造了大型TLP,水深为340 m。1995年6月,Conoco公司在北海Heidrun油田330 m水深处安装了世界上第一座混凝土TLP,而1996年壳牌公司和BP勘探公司安装在密西西比Canyon807区块的Mars张力腿平台又将水深记录改写为880 m。1998年建成了第一座SeaStars TLP,2001年建成了第一座MOSES TLP,2003年又安装了第一座ETLP。

目前,TLP以墨西哥湾居多,它主要通过外输管线或其他的储油设施联合进行油气开发。TLP可用于2 000 m水深以内的油气开发。截止2015年,在全球范围内已经得到批准建造、安装和作业的TLP共27座,其中在建4座,退役3座。处于运营状态23座,15座在美国的墨西哥湾,2座在北海,4座在西非,1座在巴西,1座在东南亚。其水深范围在148～1 581 m之间,作业水深最深的TLP平台是墨西哥湾的Big Foot,作业水深可达1 581 m。目前世界在役TLP统计图如图4.2所示,具有代表性的TLP平台如图4.3所示。表4.2列出了世界上部分张力腿平台的统计数据。

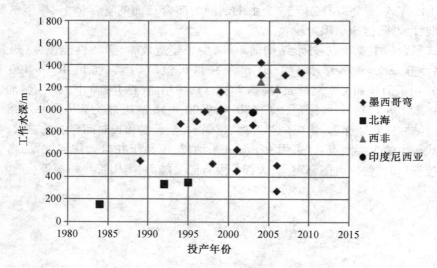

图4.2　目前世界在役TLP统计图

各类TLP平台由不同的公司设计,Atlanria公司主要从事Seastar TLP系列张力腿平台设计,MODEC公司主要从事MOSES TLP系列张力腿平台设计,ABB公司主要从事ETLP系列张力腿平台设计。具有TLP平台设计能力的其他公司还有Worley Parsons Sea海洋工程公司、Shell公司、Conoco Phillips公司等。具有TLP平台建造能力的船厂主要有新加坡的FELS船厂、Highland Fabricators船厂和Keppel - FELS船厂、意大利的Belleli S. P. A船厂、Houma LA的Gulf Island Fabricators船厂、韩国的三星重工船厂和大宇船厂等。

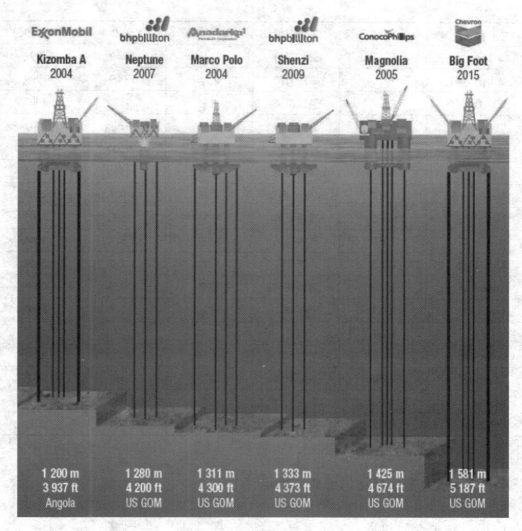

图 4.3 具有代表性的 TLP 平台

表 4.2 世界上部分张力腿平台的统计数据

平台名	类型	工作海域	海底基础	工作水深	投产年份
Hutton（已退役）	CTLP	北海	重力式基础	147	1984
Jolliet	CTLP	墨西哥湾	桩基	536	1989
Snorre A	CTLP	北海	吸力锚	335	1992
Auger	CTLP	墨西哥湾	桩基	873	1994
Heidrun	CTLP	北海	桩基	345	1995
Mars	CTLP	墨西哥湾	桩基	894	1996
Ram/Powell	CTLP	墨西哥湾	桩基	980	1997
Morpeth	SeaStar	墨西哥湾	桩基	518	1998

表 4.2(续)

平台名	类型	工作海域	海底基础	工作水深	投产年份
Ursa	CTLP	墨西哥湾	桩基	1 159	1999
Allegheny	SeaStar	墨西哥湾	桩基	1 009	1999
Marlin	CTLP	墨西哥湾	桩基	987	1999
Typhoon	SeaStar	墨西哥湾	桩基	639	2001
Brutus	CTLP	墨西哥湾	桩基	910	2001
Prince	MOSES	墨西哥湾	桩基	454	2001
West Seno A	CTLP	印度尼西亚	桩基	1 021	2003
Matterhorn	SeaStar	墨西哥湾	桩基	859	2003
Marco polo	MOSES	墨西哥湾	桩基	1 311	2004
Kizomba A	ETLP	西非	桩基	1 178	2004
Magnolia	ETLP	墨西哥湾	桩基	1 425	2005
Kizomba B	ETLP	西非	桩基	1 178	2005
Oveng	MOSES	西非	桩基	271	2007
Okume/Ebano	MOSES	西非	桩基	503	2007
Neptune	SeaStar	墨西哥湾	桩基	1 311	2008
Shenzi	MOSES	墨西哥湾	桩基	1 333	2009
Bigfoot	ETLP	墨西哥湾	桩基	1 581	2015

4.3.2 张力腿平台结构组成和特点

1. 张力腿平台的组成

从张力腿平台这一解决方案的诞生开始，它便作为一种半潜式平台的延伸产品，而事实上，张力腿平台的确可以被看作一个使用张力腿系统进行系泊的半潜式平台。不过，在经过这几十年的理论研究和实践摸索后，张力腿平台不断发展，已经形成了一种有别于半潜式平台的典型结构形式，如图 4.4 所示。它一般由以下几部分组成。

（1）平台主体

提供结构预张力并存放作业设备、生活物质等。它通常又包括上部模块、立柱和浮箱三个部分，其形状主要有三角形、四边形和五边形。通过实践证明，三角形平台主体的安全性较差，一旦某一角上的张

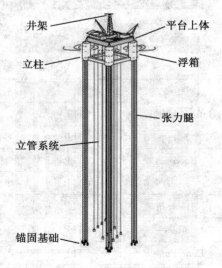

图 4.4 张力腿平台结构示意图

力腿发生断裂,将导致平台的失稳,而五边形的平台主体在施工建造时过于复杂,经济性能得不到保证,所以目前投入使用的张力腿平台主体一般都为四边形。张力腿平台的平台主体可看作为一种较为复杂的浮筒结构,经实验证明,浮筒所受水平方向的波浪分力要比它所受的垂直方向分力大,所以使平台在平面内的运动为顺应式。

上部模块主要用于承载生产及生活设备与设施的结构,一般由上下两层甲板以及中间若干板架式结构组成,位于水平面以上,其下甲板由于还要考虑平台的气隙,即在任何海况下保证不会受到波浪的拍击作用。

浮箱也被称作平台下体,整个平台的主要浮力,主要是由位于水面以下的浮箱来提供,根据其总体结构形式可分整体式、组合式、沉垫式,浮箱首尾与各立柱相接,形成环状结构,其截面通常为矩形剖面。

立柱多为圆柱形结构,对应于平台主体的上部模块,有三根或四根立柱(平台主体的每个角上设置一根),用于连上部模块和浮箱。立柱内主要用于存放安装和拆卸系泊系统(张力腿筋键)的设备设施,并为浮箱提供部分浮力。平台立柱多采用直径约为十几米左右的柱体,为其提供部分浮力和保证平台足够的结构刚度和稳性。为了保证强度,有的立柱之间还设有横撑和斜撑。

(2)张力腿系统(系泊系统)及立管

张力腿系统(系泊系统)及立管分别用于将平台主体与海底地基连接起来从而使平台结构相对固定入位和生产作业。张力腿系统通常是以组为单位的,它由多组绷紧的钢质张力腿筋键(系泊索,又称缆索)组成,其组数与平台上体的形状有关,确切地讲,是与立柱的数目呈1∶1对应关系,即每根立柱对应一组张力腿筋键。每组张力腿筋键由若干根钢索(或钢筋束,通常为1~4根)构成,其上端固定在平台主体上,下端与海底的锚固基础相连(如果基础是桩基的话,直接与桩基顶端相连)。张力腿筋键与基础连接时,有垂直连接和斜线连接,分别称为垂直系泊和斜线系泊。一般来讲,垂直系泊比较简洁,而通过合理地选择平台主体的形式以及设置合理的张力腿预张力、结构刚度,可以将平台的运动控制在允许的范围内;有时为了增加平台主体的侧向结构刚度,还可以安装斜线张力腿系泊系统,作为垂直系泊系统的辅助,但这种情况由于布置的复杂性,比较少见,目前投入使用的张力腿平台均采用了垂直系泊方式。由于垂直系泊的这种特征,张力腿平台有时候也被称为垂直锚泊式平台。张力腿筋键一般设计成大直径而壁薄的管柱结构,使得其自身具有自浮能力并易于拖航。张力腿系统无论在何种海况下都给平台提供预张力,其产生的预张力与平台的剩余浮力相平衡。它限制张力腿平台的垂直位移和水平位移,并抑制波浪载荷作用下引起的激振平台主体的运动。张力腿系统的布置不仅控制着平台主体与井口相对位置,还对其平台主体的安全性起着决定性作用。

(3)锚固基础

为张力腿系统提供强大的抗拔力以及为整个张力腿平台提供良好稳定性、安全性的结构。由于油气开采工作的要求,锚固基础必须保证定位精确,固定性可靠,即站得稳、立得住,因此锚固基础是张力腿平台的重要组成部分。它不仅受到张力腿的拔拉力,且作为置于海洋中的结构承受着包括地震等各种载荷。

锚固基础由锚固方式的不同主要分为三种:打入桩基础、重力式基础和吸力锚基础。其中打入桩基础是目前使用最广泛最具可靠性的基础形式,绝大部分张力腿平台使用的都是打入桩作为锚固系统。重力式基础在早期的张力腿平台中得到使用,重力式基础一般由混凝土建成,体积庞大、安装不便,很少使用。吸力式锚固基础对海底土层状况适应性较好,近年来由于吸力锚技术的快速发展,人们尝试将该基础用于张力腿平台,但由于张力腿平台基础受力方向的限制,该类基础在张力腿平台上的应用还处于研究阶段。目前主要趋势是将重力式基础与吸力锚基础相结合,创造出一种新型的基础形式用于张力腿的锚固系统,如表4.3所示。

表4.3 张力腿平台锚固基础统计表

平台名称	结构形式	工作水深/m	张力键参数 数量	张力键参数 直径/m	海底锚固形式	海底桩基(或吸力锚)参数 数量	海底桩基(或吸力锚)参数 直径×长度
Hutton	6立柱传统TLP	147	16(4×4)	0.26	重力式基础	4	—
Jolliet	4立柱传统TLP	536	12(4×3)	0.61	1个基盘+桩基	16	1.542×91.44
Snoorre A	4立柱传统TLP	335	16(4×4)	0.813	重力式吸力锚	4	每个基础端截面积720 m²
Auger	4立柱传统TLP	873	12(4×3)	0.66	4个基盘+桩	16	1.829×130
Heidrum	4立柱传统TLP	345	12(4×3)	1.07	重力式吸力锚	4	每个基础底端直径43~48
Mars	4立柱传统TLP	894	12(4×3)	0.711	直接与桩基相连	12	2.143×114
Ram/Powell	4立柱传统TLP	980	12(4×3)	0.711	直接与桩基相连	12	2.143×106
Morpeth	迷你TLP	518	6(3×2)	0.66	直接与桩基相连	6	2.143×104
Ursa	4立柱传统TLP	1 159	16(4×4)	0.813	直接与桩基相连	16	2.143×127
Allegheny	迷你TLP	1 021	6(3×2)	0.711	直接与桩基相连	6	2.143×—
Marlin	4立柱传统TLP	997	12(4×3)	0.711	桩基	8	2.143×—
Typhoon	迷你TLP	963	6(3×2)	0.813	直接与桩基相连	6	2.144×—
Brutus	4立柱传统TLP	910	12(4×3)	0.610	直接与桩基相连	12	2.803×104
Prince	4立柱新型TLP	454	8(4×2)	0.66	直接与桩基相连	6	1.626×98
West Seno "A"	4立柱新型TLP	1 021	8(4×2)	0.813	直接与桩基相连	8	1.83×76.5
Matterhorn	迷你TLP	859	6(3×2)	0.203~0.711	直接与桩基相连	8	2.7×130
Marco Polo	4立柱新型TLP	1 131	8(4×2)	0.813	桩基	8	1.93×119
Kizomba "A"	4立柱新型TLP	1 178	8(4×2)	0.813	桩基	8	2.144×—
Magnolia	4立柱新型TLP	1 425	8(4×2)	0.813	桩基	8	—

表 4.3(续)

平台名称	结构形式	工作水深/m	张力键参数		海底锚固形式	海底桩基(或吸力锚)参数	
			数量	直径/m		数量	直径×长度
Kizomba "B"	4立柱新型TLP	1 178	8(4×2)	0.61	桩基	8	—
Oveng	4立柱新型TLP	271	8(4×2)	0.61	桩基	8	1.626×53
Okume/Ebano	4立柱新型TLP	503	8(4×2)	0.61	桩基	8	1.626×60
Neptune	迷你TLP	1 290	6(3×2)	0.914	直接与桩基相连	8	2.438×126

2. 张力腿平台的特点

(1)从平台结构本身来讲,张力腿平台由于其自身的形式,产生了远大于自重的浮力,与海底锚定的不再是悬垂曲线,而是利用垂直系泊系统将平台和海底固接在一起,使张力腿钢索始终处于绷紧状态,即所谓的控制方向,呈半刚性状态;而在水平方向没有系泊设备进行约束,即所谓的非控制方向,呈柔性状态,它允许有一定的漂移,但由于平台控制方向的张力对非控制方向的运动的牵制,使得这种漂移和摇摆比一般半潜式平台小。这样一来,平台的升沉和平移运动变得十分微小,几乎消除了转动位移,为生产作业提供一个相对平稳安全的工作环境,这也是张力腿平台最为显著的特点。张力腿平台在受到环境载荷如风、浪、流等作用时,平台将随张力腿筋键的弹性变形而产生微量运动,就如同自升式平台那样的桩腿插入海底一样,所以称为张力腿。

(2)平台的运动特性在海洋平台中是一项十分重要的性能指标。一般根据其控制因素的不同而将其分为两类,一类是受张力腿系统张力控制的小固有周期的垂荡、纵摇、横摇,其固有周期为 2~4 s,远低于典型海况的特征周期,称为硬自由度;另一类是固有周期约在 100 s 左右的大固有周期运动模态,又远大于典型海况的特征周期,包括纵荡、横荡、艏摇,它们主要由平台本体浮力变化来控制,称为软自由度。由以上分析可知,张力腿平台六个方向自由度运动的固有周期,都与常见的海洋波频带相差甚远,这就避免了系统在波浪中调和共振的发生,从而使其运动响应得到有效的控制。

(3)由于张力腿平台优良的稳定性,因此可以在平台上直接处理原油,或将井口系统从海底搬到水面,即可采用干式采油树,这种开采形式的改变,使得对整个开采系统的操作、维护及维修都变得简单化,费用也相对传统的湿式采油法较低。此外,也方便了石油开采和钻井过程中各种数据的采集工作。

(4)由于是垂直系泊系统,张力腿平台避免了悬链线式系泊的繁复,海底的布置更加简单、干净,简化了钢制悬链式立管的连接,可同时采用张紧式立管和刚性悬链立管。对于开采周期比较短的油气田,建造移动式的平台是最为理想的选择,这样便于移井作业,而张力腿平台技术的形成正符合了这种开采要求。它与固定式平台相比,不仅造价相对较低,通用性也提高很多,在移位作业时,最多不过损失一些锚基和钢索。此外,张力腿平台的抗震能力也是要显著优于前者。

(5)张力腿平台除了上述优异的特点以外,也有其自身的不足之处。首先,它对质量的变化十分敏感,载重量的增加需要排水量增加,因此又会增加张力腿的预张力和尺寸,且造价随水深变化较大,不太适合用作于超深水域的开采方案,一般限制在 2 000 m 以内。其次,由于平台需要垂直的张力腿提供张力来限制平台主体的位移,因此平台主体和底部张力腿筋键是处于一个动态平衡的过程当中的,整个系统刚度较强,对高频波动力比较敏感,设计各阶段平台主体上载荷的微小变化,都会影响这一平衡,所以张力腿平台要求对其上部荷载的控制比较严格。关于张力腿筋键的布置,与海底的地质状况有关,有效载荷的调节及分配至今仍是研究的热点。再者,在大波高的恶劣状况下导致甲板载荷过大,使得垂直系泊索容易产生松弛现象,引发张力腿平台失稳而倾覆。最后,由于张力腿平台没有储油能力,因此通常用于生产平台,而不作储油装置,在没有海底管线设施输送油气的地方,一般需要浮式油轮作为辅助设备。

4.3.4 张力腿平台的分类

张力腿平台的工作原理一致,但是结构形式和应用方式却大不相同。按照总体结构形式可以把张力腿平台分为两大类,即第一代张力腿平台和第二代张力腿平台。第一代张力腿平台又称为传统型张力腿平台,自 1984 年以来,传统型张力腿平台在生产和实践中不断发展,其理论研究和工程应用已经趋于成熟。传统型 TLP 主体一般都呈矩形或三角形,通过 4 根或 3 根立柱连接下体。每组张力腿系统由 2~4 根张力腿组成,上端固定在平台主体上,下端与海底基础相连。中央井位于平台上体,可以支持干树系统,生产立管顶端通过中央井与生产设备相接,下端与海底油井相接。第二代张力腿平台出现于 20 世纪 90 年代初期,他是在第一代张力腿平台基础上发展起来的。第二代张力腿平台在继承传统型张力腿平台优良运动性能和良好经济效益的同时,对结构形式进行了优良改进,使张力腿平台更适合于深海环境,并且降低了建造成本。总的来说,目前投入生产实践的第二代张力腿平台共分为三大系列,即 Atlantia 公司设计的 SeaStar 系列张力腿平台,MODEC 公司设计的 MOSES 系列张力腿平台以和 ABB 公司设计的延伸式张力腿平台。图 4.5 至图 4.8 给出了这些平台的示意图。

图 4.5 传统型张力腿平台

按照采油树的位置张力腿平台可以分为湿树平台和干树平台两大类。湿树平台的采油树位于海底,平台上安装有独立的全套生产处理设施以支持一定数量的海底油井。其优点是采油树位于海底,减少了平台上体的负载,不需要建造体积庞大的平台主体,因而降低了平台的总体造价;由于不安装顶部张紧式立管,因此不需要考虑平台吃水变化对生产立管的影响,从而简化了平台的设计;湿树平台适用于分布面广、出油点分散的油田,以柔性输油管和 SCR 组成分布广泛的海底管线系统,可以控制较广的区域。而且湿树平台的生产储备能力具有很大的弹性,新增的设备和海底油井容易加装到现有的生产系统中,对油田的远期开发比较方便。干树平台的采油树则位于平台之上,因为平台与生产立管之间的相对运动量较小,因此可以采用结构简单、造价低廉的立管张紧装置。其优点是海底油井和干树系统直接通过顶部张紧式立管垂直连接;可在平台上体安装钻塔,使张力腿平台可以自行实现钻井、完井功能,避免了远期油田开发中需要调用其他钻井设施而使平台生产中断的问题。同时由于采油树位于平台之上,因此维修方便,易于管理。

图 4.6　SeaStar 张力腿平台

图 4.7　MOSES 张力腿平台

图 4.8　延伸式张力腿平台

按照功能和应用方式张力腿平台可以划分为大载荷张力腿平台、迷你型张力腿平台和井口张力腿平台三大类。大载荷张力腿平台是这三种张力腿平台中历史最悠久的一种类型,它是一种体积巨大、造价昂贵的张力腿平台形式,能够支持一套高生产能力的原油处理设施。在历史上,这种生产系统之所以得到业界的青睐,主要原因就在于它能够安装干树采油系统。但是由于其高昂的造价和对深水环境的不适应性,人们现在已经逐渐失去了建造大载荷张力腿平台的兴趣。迷你型张力腿平台则是通过对结构上的改进,优化各项参数,以更小吨位获得更大有效载荷的目标。迷你型张力腿平台相对于同等规模的传统类型张力腿平台,具有体积小、造价低、灵活性好、受环境载荷小等优点,非常适合于开发中小油田。而且迷你型张力腿平台能够在深水环境中稳定地工作,这也是它之所以能够逐渐取代大载荷张力腿平台,占据当今张力腿平台建造主流的最重要的原因。井口张力腿平台是一种经济型的张力腿平台,它不能独立进行生产工作,在它的平台上体上只安装有控井设施,而其他的石油生产和处理设施都安装在一艘位于平台附近的辅助生产设施上,如 FPSO 等。这种组合充分发挥了张力腿平台本体与生产立管系统之间相对运动量小、运动性能优良的优点,加之 FPSO 运动灵活、装载量大、造价相对较低的长处,十分适合在没有或是缺少海底管线和永久性基地,且需要进行钻探、完井和油井维护工作的油田区域使用。

不同形式的张力腿平台的特点见表 4.4。

表 4.4 不同形式的张力腿平台比较

比较项目	第一代张力腿平台	第二代张力腿平台		
		Seastar TLP	Moses TLP	E TLP
形式				
优点	1. 垂荡固有周期 3～4 s; 2. 平面内运动(横摇,纵摇,垂荡)非常小; 3. 水平方向是顺应式的; 4. 重力敏感; 5. 水深限制在 5 000～6 000 ft; 6. 干树采油	1. 单柱式平台主体容易建造; 2. 悬臂浮筒结构有效地降低了平台的运动; 3. 中浮性的张力键设计降低了张力键的数目; 4. 提高了平台的承载效率	1. 高效的主题结构,提高了平台的承载效率,降低了平台的疲劳载荷; 2. 平台主题容易建造; 3. 降低了对锚泊系统的要求,减少了张力腿的建造和安装成本; 4. 偏心式井口设计将有利于平台的检修和维护	1. 更高的承载效率; 2. 模块化设计,灵活的施工和组装过程; 3. 延伸的悬臂浮筒降低了平台的横摇和纵摇固有周期

表4.4(续)

比较项目	第一代张力腿平台	第二代张力腿平台		
		Seastar TLP	Moses TLP	E TLP
缺点	1.承载效率偏低； 2.由于张力键自身的重力原因,对水深有一定的限制； 3.在降低造价,改善受力情况和运动性能方面仍有待提高	1.井口的型号受到限制； 2.自我漂浮,稳定性欠缺； 3.上部的设备质量不能太重	1.井口的型号受到限制； 2.自我漂浮,稳定性欠缺； 3.上部的设备质量不能太重	1.井口的型号受到限制； 2.自我漂浮,稳定性欠缺； 3.上部的设备质量不能太重
采油系统	干树	干树/湿树	干树	干树
平台主体	四柱式	单柱式	由四根角柱和一个水下浮式基座构成	四柱式,立柱向平台重心靠拢
张力腿数	12～16根,受限制于水深	3～6根,整根制造或分段制造	8～12根	8根
代表平台	Hutton Auger Jolliet Snorre A Heidrum Mars Ram/Powell Ursa/Powell Ursa Marlin Brutus Marlin Brutus West Seno A/B	Morpeth Allegheny Typhoon Matterhorn	Prince Marco Polo	Kizomba A Kizomba Magnolia

4.3.4 张力腿平台的采油模式

张力腿平台的工作水深范围广泛,不同的国家根据自己海域的特点形成了不同的采油模式,其中以"美国模式"和"巴西模式"最为典型。"美国模式"属于半海半陆式,即"浮式钻采平台(TLP/Spar) - 水下井口/水下生产系统 - 海底管网"的工程模式,图4.9给出该模式的示意图。巴西模式属于全海模式,即"半潜式平台 - 水下井口/水下生产系统 - 浮式生产储卸油装置(FPSO)"的油气田开发工程模式,图4.10给出该模式的示意图。我国南海采油模式可以借鉴美国与巴西的成功经验,形成"浮式钻采平台 - FPSO - 水下井口/水下生产系统"的油田开发模式。这种采油模式适应了我国海底管网缺乏的现状,充分发挥了国内FPSO的资源优势,而且浮式钻采平台的选择灵活多样。对于中国南海,建议1 500 m水深以内,浮式钻采平台应以张力腿平台为主,对于1 500 m以上的超深水应以Spar平台和半潜式平台为主。

图 4.9　美国油气开发工程模式

图 4.10　巴西油气开发工程模式

4.4 Spar 平台

Spar 平台又称立柱式平台或单筒式平台,20 世纪 80 年代以来,由于优越的性能,Spar 平台已经广泛地应用于开发深海油气资源的开发,成为海洋油气开发的热门平台,特别是传统式 Spar 平台更是被冠以 "Simply Perfect for All Risers" 的绰号,可见其运动性能的优越性。

根据 Spar 平台结构形式的演变与发展,可将目前世界上所有的 Spar 平台分为三代,按照其产生的时间先后顺序依次是 Classic Spar、Truss Spar 和 Cell Spar,它们之间的区别集中在主体结构。三代不同的 Spar 对比如图 4.11 所示。

图 4.11　三代不同的 Spar 平台示意图

4.4.1　Spar 平台的发展历程

Spar 技术在 20 世纪已经有较长的应用历史,但是早期的 Spar 平台仅作为辅助系统,用于海洋勘探船只、海洋声学测量、通信中转站等功能,而不具有生产能力,因此在功能上和结构上与现代 Spar 平台有着明显的区别。

到了 20 世纪 70 年代,Shell 石油公司在北海油田首次使用 Brent 平台作为原油储存和卸载装置,它是圆柱形结构,由 6 根系泊索系泊于海底,顶部模块上装备有动力车间、直升机坪以及其他各种设备。Brent 平台虽然仅具有油气储卸功能,但无疑已经具备现代 Spar 平台的许多特点。

世界上第一艘具有现代 Spar 平台特点的平台是由 Edward E. Horton 设计 NeptuneSpar,它于 1987 年应用于墨西哥湾 Neptune 区块的开发,Spar 平台才开始正式应用于海上油气生产领域。Neptune Spar 是第一艘传统式 Spar 平台,顶部模块装有油气生产及生活设备。主体是一个内设正方形中心井的大直径圆柱,吃水达到 198 m,在主体硬舱设有固定浮舱用于提供平台主要的浮力,中段具有储油舱。底部软舱存放高密度压载降低重心高度使其在浮心之下,这样的平台具有无条件稳性。在 Neptune Spar 之后,又有两艘传统式 Spar 平台应用于深海油气开发,并取得了良好的服役生产效益,分别是 Genisis Spar 和 Hoover/Dianna Spar,基本参数见于表 4.5。Spar 平台的开发使用和技术研究逐渐成为热点,其结构形式得到不断的完善和改进。

表 4.5 典型 Spar 平台表

类型	名称	质量/MN	建成时间	作业地点	水深/m	备注
Classic Spar	Neptune Spar	129.06	1996	墨西哥湾 Viosca Knoll 826	588	第一座 Spar 平台
	Genesis Spar	267.03	1998	墨西哥湾 Green Canyon 205A	792	第一座钻井采油 Spar 平台
	Hoover Spar	350.00	1999	墨西哥湾 Alaminos Canyon 25/26	1 436	规模最大 Classic Spar
Truss Spar	Nansen Spar	122.00	2001	墨西哥湾 EastBreak Block 602	1 120	第一座 Truss Spar 平台
	Horn Mountain	146.00	2002	墨西哥湾 Mississippi Canyon 126/127	1 646	干式采油树最深的 Spar 平台(2002)
Cell Spar	Holstein Spar	370.00	2004	墨西哥湾 Green Canyon 645	1 308	规模最大 Spar 平台
	Mad Dog Spar	200.00	2004	墨西哥湾 Green Canyon 826	1 347	第一座采用尼龙缆 Spar 平台
	Red Hawk Spar	72	2004	墨西哥湾 Garden Blank 877	1 500	第一座 cell Spar 平台

2002 年,Anadarko 公司的两座新型 Spar 平台 Nansen Spar 和 Boomvang Spar 先后建造完成,它们便是第二代 Spar 平台桁架式 Spar 平台的典型代表。桁架式 Spar 平台将传统式 Spar 平台中段圆柱结构代替为空间桁架结构,这极大减轻了结构质量,降低结构建造成本,同时进一步改善运动性能,增大平台的有效载荷。桁架结构类似于导管架,可以有效地降低平台主体在竖直平面上的投影面积,从而降低平台的水平外力载荷,减小了在水平方向上的运动响应。上下设置 2~4 列垂荡板,用于增大平台在垂荡运动时的附加质量和黏性阻尼,改善了平台垂向运动性能。在主体尺寸上桁架式 Spar 平台比传统式 Spar 平台要小,但在波浪中的运动响应上表现依然优越。

2004 年 Anadarko 公司在墨西哥湾 Garden Banks Block 海域安装了世界上唯一一座多柱式 Spar 平台 Red Hawk Spar,设计水深 1 615 m。这座平台由 7 个直径为 6 m 但长度不同的小型圆柱体群组成。其中 4 个短圆柱和 3 个长圆柱体。多柱式 Spar 平台的主体由多个外围小型圆柱形围绕一个中央圆柱组成,圆柱体之间由钢架连接。长圆柱体一直延伸到平台底部与压载舱相连,中间的部分设置了垂荡板结构,Red Hawk Spar 采用 6 根合成材料制成的张紧系泊索进行定位,系泊索之间的夹角为 60°。

目前,Spar 平台的结构形式有了新的发展,如"mini Doc Spar"和"RingTM Spar"概念,此外 FloaTEC 还提出了单柱式浮体(SCF)平台概念和小型 SCF 平台概念,SCF 平台概念在 Classic Spar 的基础上,在不改变平台垂荡特性的基础上减小了单筒的长度,在底部增加了一个比单筒尺寸更大的圆盘,来保证平台的稳性和垂荡性能由于专利的保护,Spar 平台的设计技术由 Technip – Coflexip 和 Floa – TEC 这两家公司垄断。Spar 平台的建造主要集中在芬兰的 Mantyluoto 船厂、阿联酋的 Jebel Ali 船厂和印度尼西亚的 Batam 船厂,后两个船厂为 J. Ray McDemott 公司拥有。

目前全球 Spar 平台在建 2 座,退役 1 座,运营 19 座,除一座名叫 Kikeh 的 Truss Spar 在东南亚马来西亚海域外,其余全部分布在墨西哥湾海域运营,如图 4.12 所示。Spar 平台采用干式采油方式,水深范围在 588～2 383 m 之间。表 4.5 中总结了几个具有代表性的 Spar 海洋平台。

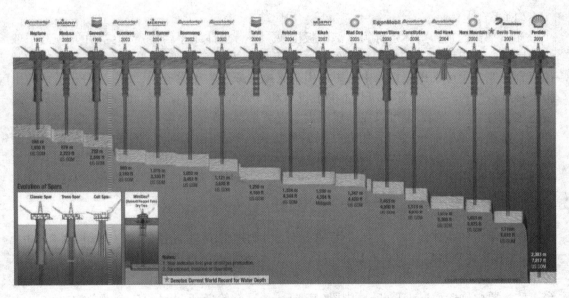

图 4.12　Spar 平台在世界范围内的应用情况

4.4.2　Spar 平台的组成和特点

1. Spar 平台的组成

目前投入生产的 Spar 平台主要由四个系统组成:平台上体、平台主体、系泊系统和立管系统。图 4.13 为典型的 Truss Spar 平台结构。

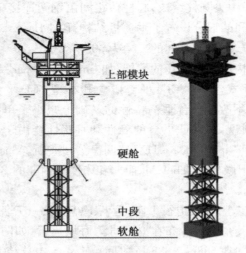

图 4.13 典型的 Truss Spar 平台

(1) 平台上体

Spar 平台的平台上体也称为顶部甲板模块。平台上体是平台生产和生活的中心,一般为两层或三层甲板的一个多层桁架结构。它可以用来进行钻探、油井维修、产品处理或其他组合作业。生产钻探甲板及中间甲板用来支撑钻探和生产设备,其结构与固定平台的甲板很接近,井口布置在中部。甲板上一般设有油气处理设备、生活区、直升机甲板以及公共设施等,根据作业要求,也可以在顶层甲板上安装重型或轻型钻塔以完成平台的钻探、完井和修井作业。各层甲板之间采用立柱和斜撑结构连接固定。Spar 平台的甲板布置以及整个平台上体与平台主体之间的固定方式与传统的导管架平台类似。为消除甲板上浪对生产活动的不良影响,目前已投入使用的 Spar 平台的整体干舷(顶部模块的底层甲板到静水线面的距离)一般都在 20 m 以上。

(2) 平台主体

Spar 平台的主体是一个在水中垂直悬浮的圆柱体,整体直径较大,一般长度在 20～40 m 之间,主体吃水均在 100 m 以上,重心位于水线面以下很深的位置。庞大的主体内部采用垂直隔水舱壁和水平甲板分隔成多层多舱结构,并具有各自功能。如图 4.13 所示,平台主体主要由硬舱(Hard Tanks)、中段(Midsection)、软舱(Soft Tanks)三个部分构成。

① 硬舱

Spar 平台主体从主体顶甲板至可变压载舱底部之间的部分称为硬舱。硬舱位于主体的上部,是整个 Spar 平台系统的主要浮力来源。这一部分中的舱室分为固定浮舱和可变压载舱两部分。

固定浮舱位于硬舱上部,使用防水板分隔成多个小舱室,以提高主体的抗沉性。固定浮舱中充满了空气,产生的浮力能够支持主体本身、平台上体模块、各种设施和附件、压载物的质量和系泊力的垂直分力。

可变压载舱位于硬舱的最下部,底部有开口,压载物为海水。一方面它能起到辅助压载的作用,能为整个 Spar 平台系统提供稳定性;另一方面,可变压载舱还能够调节平台的压载量,可以根据实际需要,灵活地调整 Spar 平台的吃水和浮力。可变压载舱中装有压缩空气传输管道,当向其中冲入空气时,压载海水从底部开口中排出,使 Spar 平台吃水减少、浮力增加;当从舱中排出空气时,海水就从底部开口进入舱内,从而增加平台的压载。

另外,硬舱部分在 Spar 平台主体与水线面的交界处,平台主体上设有船坞,它与平台上体之间有舷梯相连,以供运送给养、设备和人员的小型船舶挂靠停泊。在靠近水线面处的浮舱外层还布置有双层防水壁结构,在平台发生撞击损坏时能够起到保护浮舱的屏障作用。

②中段

Spar 平台主体从可变压载舱底部至临时浮舱顶甲板之间的部分称为中段。中段的功能是刚性连接 Spar 平台主体的硬舱和软舱,并且保护中央井中的立管系统不受海流力的影响。Classic Spar 的中段是封闭式圆柱体结构,而 Truss Spar 和 Cell Spar 的中段是开放式桁架结构。对于 Classic Spar 来说,其中段部分最主要的两个结构是外壳体和内壳体。外壳体位于平台主体的最外侧,负责保护主体内的舱室;内壳体则围成了中空的中央井结构,在内外壳体之间形成一个环状横截面的大舱室,贯穿整个中段部分,这就是 Spar 平台的储油舱,当工作区域缺乏海底管道系统时,Spar 平台可以先将生产出来的石油产品暂时存放在这个储油舱里,然后再用油轮进行转运。另外,Spar 平台的系泊索与平台主体的连接点也位于中段,在中段的主体外壳外侧装有定滑轮结构的导缆器。

③软舱

Spar 平台主体在中段以下部分称为软舱。Spar 平台压载大部分由软舱提供。软舱中的舱室可以分为固定压载舱和临时浮舱两部分。

固定压载舱位于平台主体的最底部,整个平台系统很大部分的压载是由固定压载舱提供的。固定压载舱中充满了压载海水,另外,也可以根据设计要求加固体压载物以提高平台的稳定性。

在固定压载舱上部还有一组临时浮舱,临时浮舱的外部设有海水门。在平时生产过程中,临时浮舱里充满了海水,与固定压载舱一道为 Spar 平台系统提供必要的压载。而当 Spar 平台需要转移时,可以向其中充入压缩空气,排出压载海水,主体就由垂直悬浮状态变为水平漂浮状态,以便于拖航。当主体被拖航到安装地点时,在打开海水门向临时浮舱中放入海水,同时向上部的可变压载舱中压入空气,Spar 平台主体便会在力矩的作用下自行转为垂直悬浮状态。这一过程称为 Spar 平台主体的"自行竖立"(Upending)过程。

④螺旋形侧板

除了以上所述的三个主要部分外,在 Spar 平台主体的外壳,还装有两列侧板结构,沿整个主体的长度呈螺旋线纵向布置。螺旋形侧板能都对经过平台圆柱形主体的水流起到分流作用,从而可以减小平台的涡激振动。实践证明,这种纵向分布的螺旋形侧板能够显著改善平台在涡流中的运动性能。

(3)立管系统

Spar 平台的中央井自下而上贯穿整个主体,其中充满了海水。Spar 平台的立管系统位于中央井内,向上与平台上体的生产设备相连,向下则深入海底。立管系统主要分为顶部张紧立管(TTR)、钢制悬链线式立管(SCR)、柔性立管(FR)、塔式立管(HTR)和钻井立管(DR)等。因为 Spar 的主体为封闭式或半封闭式结构,而且主体吃水都在百米以上,因此中央井内几乎不受波浪及海流的影响。立管在主体的屏障作用下不受表面波的影响,海流对其作用也大大减小,这是 Spar 平台设计的一大优点。

Spar 平台的立管张紧装置是一组独立的立管浮筒,立管浮筒位于中央井内,其中充满了空气,它们连接在垂直立管上,以自身的浮力作为立管张力,使垂直立管始终保持张紧状态。因为立管浮筒与主体是相分离的,因此立管张力不会给 Spar 平台带来额外的负载,同时,Spar 平台主体的垂荡运动也不会引起立管张力发生突变。为了避免立管浮筒和主体内壳发生碰撞,在中央井内还安装有浮筒的固定框架,限制立管浮筒的侧向运动。

另外,在中央井的中部和主体底部龙骨处,安装有立管导向框架,其作用是将立管所受到的水平荷载传递给主体,并且将立管的水平运动转为垂直运动,以避免垂直立管与中央井壁发生碰撞。在中央井内,立管所受到的唯一的轴向力就来自于立管导向框架与立管之间垂直和水平摩擦力。

因为 Spar 平台主体在底部龙骨处的运动幅度很小,对立管产生的动力荷载也很小,良好的受力条件使得 Spar 的立管系统能采用成本相对较低的套管接头设计。不过需要指出的是,立管的龙骨接头由于所处位置的特殊性,其设计上也有一些特殊的要求。首先,因为立管在主体底部龙骨处存在着较高的弯曲应力,所以龙骨接头的设计强度必须要足以承受这一应力;其次,由于立管与主体之间有一定的相对运动,因此龙骨接头还需要具备足够的耐磨损性能。

(4) 系泊系统

Spar 平台的系泊方式与垂直系泊的张力腿平台不同,它的设计采用了半张紧的悬链线系泊系统,下桩点在水平距离上远离平台本体,由多条系泊索构成的缆索系统覆盖了很宽阔的区域。Spar 平台的系泊缆索中不像 TLP 平台一样具有很大的预张力、始终处于完全垂直张紧的状态,而是在一定预张力作用下形成了一种半张紧半松弛的状态,因此能够在其自身重力作用下自然悬垂形成悬链线形。平台的定位力主要由各条系泊缆索的位能和平台主体的惯性力来提供。一座 Spar 平台的系泊系统一般分为以下四个部分:系泊缆索、导缆器、起链机和海底基础。

① 系泊缆索

系泊缆索是整个系泊系统最主要的部分。系泊索是半张紧的,在预张力和自身重力的作用下形成悬链线形。Spar 平台采用了分段式系泊索。系泊索一般分为三段,最上段和最下段都由锚链组成,中间部分是钢缆结构。实验证明,分段式系泊缆索的定位性能优于全缆或全链式构成的系泊缆索。位于系泊索最上段的是船体链段,它通过主体中段外壁上的导缆器与上部的起链机相连;位于系泊索中段的一般是由螺旋钢缆构成的,它是各段系泊索内长度最大的一段,根据实际需要,可在中段加装一段比重较大的压载链,以提高系泊系统的回复刚度;海底链段位于系泊索的最下段,海底链段的末端与海底基础相连接,在一般情况下,海底链段部分平放于海底,部分悬垂在水中,这样是为了尽量使 Spar 平台的运动不带给海底基础向上拔的力。

② 导缆器

导缆器位于整个 Spar 平台的重心附近,安装在平台主体中段的外壁上。将导缆器安装在这一位置的主要目的就是为了尽量减少系泊索的动力荷载。另外,由于导缆器位于静水面下较深的位置,因此系泊缆索所受表面波影响较小。导缆器为定滑轮结构,是系泊缆索与平台主体的连接点。系泊缆索通过导缆器后,转为沿与主体平行的方向,一直延伸到安装在主体顶甲板的起链机上。

③起链机

起链机是 Spar 平台对系泊系统进行操控的重要设备。它们位于主体顶甲板上，一般分为数组，分布在主体顶甲板边缘的各个方向上。起链机与船体链段的上端相连，负责提供给系泊索一定的预张力，从而使 Spar 的系泊系统处于一种半张紧状态。起链机由计算机自动控制，能够控制系泊索的长度和预张力。即使平台处于下桩状态，也能通过起链机对锚链进行收放，而在一定范围内调整平台的定位位置，使之准确的停在海底作业井口的正上方，以便于进行钻探、完井、修井和立管对接等工作，这也是 Spar 平台与张力腿平台的主要区别之一。

④海底基础

可供 Spar 平台选择的海底基础种类很多，如抓力锚等都可以作为 Spar 平台的海底基础。但是目前投入应用的 Spar 平台，其海底基础主要有两类，一种是传统的桩基，一种是 20 世纪 90 年代之后兴起的吸力式基础。

2. Spar 平台的特点

虽然三代 Spar 平台结构形式有一些不同，但都具备以下几个特征：

（1）现代 Spar 生产平台的主体是单圆柱体结构，竖直悬浮于水中。有的 Spar 平台主体分为数部分，有的部分为全封闭式结构，有的部分为开放式结构，但是各部分的横截面都具有相同的直径。由于主体吃水很深，平台的垂荡和纵荡运动幅度很小，这使得 Spar 平台能够安装刚性的垂直立管系统，承担钻探、生产和油气输出工作。

（2）现代 Spar 生产平台采用半张紧的悬链线系泊索动态定位，能够保证平台在钻探、完井、修井和生产过程中具备良好的稳定性。系泊索与平台主体的连接处位于平台重心附近，该点处的运动幅度较小。海底基础大多采用抓力锚、桩基或是吸力式基础固定。

（3）平台上体位于主体的顶端，甲板上安装了全套的钻探和生产处理设施。

（4）绝大多数 Spar 生产平台是干树平台，采油树位于水面之上的平台上体。

（5）Spar 平台的中心处开有中央井，中央井内安装有独立的立管浮筒，这些浮筒是用来支持刚性生产立管的，生产立管上与平台上体的控井和生产处理设施相连，向下则一直延伸到海底油井。

（6）Spar 平台的油气产品有两种输出方式，它既可以通过柔性输油管、钢质悬链线立管（SCR）或顶张紧式立管（TTR）将油气产品直接输送到海底管道系统，也可以先将石油储藏在 Spar 平台的主体中，然后使用油轮将石油向岸上运输。

（7）Spar 平台的主体建造采用了船舶制造的组装和设计方法，平台上体甲板的建造和安装也充分借鉴了传统海洋设施生产应用的实践经验。

另外，这些 Spar 平台的功能与早期的 Spar 辅助工具平台相比有了很大的扩展，其主要功能大致可以分为五方面。目前已投入使用的 Spar 平台，都具有以下这五大功能中的一项或数项功能的综合，这五种功能如下：

①钻探作业；
②修井和完井作业；
③采油生产作业；
④与 FPSO 系统配合，作为井口平台使用；
⑤作为石油储藏和装卸中心使用。

4.5 浮式生产储油装置（FPSO）

FPSO 是外形类似于（大型）储油轮的形状，通过锚固定到海底的海上生产设施。它主要由船体（用于储存原油）、上部设施（用于处理水下井口产出的原油）和系泊系统组成，并定期通过穿梭油轮（或其他方式）把处理的原油运送到岸上。与常规油轮不同，FPSO 无自航能力，通过系泊装置（直接系泊的除外）长期停泊于生产区域。相对于其他生产平台，FPSO 建造周期短、投资少，可以减少油田的开发时间。

4.5.1 FPSO 的国内外现状

韩国在 20 世纪 70 年代开始涉足海洋工程产业，并于 20 世纪 90 年代加大了对海洋工程装备的研发力度，涉及建造、维护和安装等环节。目前，韩国企业在海洋工程产业高端装备的建造领域占有重要地位，特别是在浮式生产储油卸油装置等高端海工装备的制造、总装领域占据主导地位，几乎垄断了浮式钻井生产储卸油装置（FDPSO）、浮式存储再气化装置、浮式液化天然气生产储油卸油装置（LNG-FPSO）等新式高端海工装备产品的建造。三星重工、现代重工、大宇造船、STX 造船等企业是其代表企业。

新加坡在全球海洋工程装备的建造和维护领域占有重要地位，并在设计和安装领域获得较大进展。新加坡企业在浮式生产储油卸油装置的改造等方面处于世界领先地位，代表企业有吉宝、裕廊、胜科海事和泛联海事等，共改造过 61 艘浮式生产储油卸油装置。此外，日本一些企业也参与了浮式生产储油卸油装置的建造，如石川岛播磨重工、名村造船公司、三井造船公司、日本钢管等船厂。

1986 年，我国北部湾油气开发中首次采用了 FPSO，该 FPSO 由法国道达尔公司设计、新加坡胜宝旺船厂承建，由一艘旧油轮改造而成，命名为"南海希望"号，由此拉开了国内 FPSO 应用的序幕。

1989 年，我国自行设计建造了第 1 艘 FPSO"渤海友谊"号，该 FPSO 由七〇八研究所设计、上海沪东造船厂建造，采用软刚臂系泊方式，工作水深 23 m。"渤海友谊"号的成功设计与建造实现了国内 FPSO 设计建造零的突破，并且在世界范围内首次用于有结冰的渤中 28-1 油田海域，是我国海洋工程领域的标志性产品。

进入 20 世纪 90 年代，我国又相继建造了"南海发现"号、"南海开拓"号和"南海胜利"号 FPSO，并分别在南海惠州油田、西江油田、流花油田和陆丰油田作业。

2001 年，我国自主设计建造了世界上首座台风中不解脱的内转塔式单点系泊 FPSO"南海奋进号"，其在海上生产期间的清舱、检测、船级社年检、维修均不得停产，首次解决了台风恶劣海况条件下永久系泊 FPSO 设计建造的重大难题。

2007 年，我国第一艘完全自主设计并建造的 30 万吨级 FPSO"海洋石油 117"号在上海命名交付。该 FPSO 是国内迄今为止建造吨位最大、造价最高、技术最新的 FPSO 建造项目，标志着我国在 FPSO 领域的设计与建造已居世界前列。

目前，中国海洋石油总公司拥有 19 艘 FPSO，自主建造 17 艘，另租用了 1 艘南海"睦宁"

号,规模与总吨位均居世界前列。FPSO 支持着我国海上石油产能的 80%,被称为我国的"海上石油舰队"。可见,国内在 FPSO 研究和实船业绩方面已取得了一定成果,不过 FPSO 使用水域主要在浅水(作业水深 200 m 以下)。对于深水 FPSO,特别是深水系泊系统、浮筒外输系统的设计还没有经验。

截止 2015 年,世界范围内,已建成的 FPSO 共 196 艘,其中 11 艘为 2014 年交付的新船。2014 年浮式生产储油卸油装置新增订单 10 艘,包括 8 艘改装订单和 2 艘建造订单。最大作业水深达到了 2 150 m,主要用于北海、巴西、东南亚/南海、地中海、澳大利亚和非洲西海岸等海域。目前,建造浮式生产储油卸油装置的主力是韩国造船企业和新加坡的船厂。

4.5.2 FPSO 的组成和特点

1. FPSO 的组成

作为海上油气的一种生产形式和整个油田的中心,FPSO 一般处于多个无人值守的井口平台之间,连接海上油气平台的井口,并通过主甲板安装复杂的生产处理系统和动力设施,把采集的原油储藏在舱内,进而加工处理并向外输送;它在船首部经过一个固定在海上的单点系泊定位,在风、浪、流的作用可以 360°全方位无约束的转动,在生产作业过程中,FPSO 从附近平台或水下模块接收来自海底的油、气、水等混合液组成的原油,通过上部生产模块加工处理成合格的成品原油后存储起来,然后通过穿梭油轮将合格的原油外输,确保连续的生产以及 FPSO 船体安全,总之,它是一个科技含量高、各种复杂技术集合到一体的海上采油设施。FPSO 上部甲板模块还可以作为油田生产作业人员的生活空间,通过海底管汇连接系统和多个井口平台连接控制监控系统与服务系统,是集生产、储卸、人员居住、生产指挥系统为一体的大型海上石油生产基地。

FPSO 由海底系统、船体系统、系泊定位系统、动力系统、储油与外输系统、油气处理系统、消防监控系统和生活系统等十几个大类组成。

(1)海底系统

海底系统由基座、水下卧式采油树、海底管汇、液压井控和立管等组成。

(2)船体系统

FPSO 外形类似油轮,但复杂程度远高于油轮。其一,船体在风、浪、流作用下,能够长期被约束在一定范围内,所受的外载荷比普通油轮复杂得多,结构局部强度要做特殊设计。其二,作为载体,其上而包容着动力模块、生产模块、储油模块、消防模块、生活模块等,在布局和分隔上更加讲究,安全性问题要做重点考虑。在设计时除了要达到《船舶建造入级规范》《移动式海上平台入级建造规范》《浮式生产系统入级建造规范》等通用性规范外,还要顾及到国际海事组织(IMO)的 MARPOL 和 SOLAS 公约等一些行业技术标准(共 38 种标准),安全、救生、环保等要求高。其三,FPSO 的业主一般要求长期系泊在海上,进行不间断生产,因此设计风险等级高(百年一遇的重现期),防腐等耐久性措施要求严,一般能做到 20 年或更长时间不进坞维修。

(3)系泊定位系统

系泊定位系统是FPSO中最有特点的系统。它通过导管架或吸力锚提供足够的系泊力,FPSO可分为内转塔、外转塔、悬臂式和直接系泊4种形式,前三种均属于单点系泊形式,单点系泊形式下的FPSO可以绕系泊点做水平面内360°旋转,使其在风标效应的作用下处于最小受力状态。系泊定位系统具有机械强度高、密封性好的机械旋转头。该旋转头可随风、浪、流转动,不仅承受着巨大的动荷载,而且还要在运动中保证管道畅通、供电和信号的传输。

(4)油气处理系统

FPSO的油气处理系统与陆上油气处理系统大体相同,包括油、气、水分离系统、计量系统、污水处理系统和火炬燃烧系统等。所不同的是,FPSO油气处理系统总体布局更加紧凑,安全规定更加严格;工艺流程在确保顺畅的同时,重要模块的布局要顺应船体运动要求并留足维修空间;具有比陆上集成化更高、配置更完备的自动化控制系统。

(5)储油与外输系统

储油和外输是FPSO的另一重要功能。设计储油能力一般依据油田产油量、不良天气周期、水深条件等因素确定,以使储油和外输相协调,达到最佳经济指标。在外输形式上分为漂浮式软管外输、卷筒式外输、滑道式外输等。外输系统中所用的软管为专用管材,由万向接头、液压快速接头等组成的外输连接设备,在机械强度、耐腐蚀、抗疲劳能力、密封性能等方面技术要求高,这一关键设备也被少数外国公司所垄断。

2. FPSO的主要特点

FPSO之所以能够得到最大程度的认可,主要得益于其超强抵抗风浪的能力,在恶劣的海洋条件下其可以进行转移,对于水深的适应能力较强,有很好的存储和运输原油能力,因此适用于远离海岸线的浅海和大陆架周边的油田开发。其技术特点及优势主要体现在以下几个方面。

(1)对于环境条件的适应性:FPSO具有很好的作业环境条件,水深范围可由几十米到几千米不等,但具体情况还需具体分析,其可用于台风频繁海域(例如中国南海)、冰冻严重的海域(例如,中国渤海和加拿大海域)、环境恶劣的海域(例如北海)等。

(2)对于工作油田的适应性:FPSO适用于各种油田,如近岸油田、边际油田、巨型油田、凝析油田、重质稠油油田,等等。

(3)FPSO是集多功能、高度危险的特殊载体,具有生产、存储、卸载功能,除此之外,其还具有供电、供热等生活功能,是一种技术密集型、具有高危险性的生产存储装置。

(4)可重复使用性:在极端恶劣的海况下,FPSO可以进行脱产回港,对于装备的保养和使用起到保护作用,有利于再次使用,还可根据实际情况进行作业区域的转换。

(5)生产系统投产快,投资低:FPSO可以由油船改装,而在油船市场中船龄不高的大型油船较多,货源充足,因此其优势更加明显。

(6)储油能力大:FPSO具有宽阔的甲板面积,抵抗风浪的能力较强,有利于合理的布置生产设备,生产出的原油通过装载装置安全快速的运输到海岸线上,通过合理的串靠和旁靠外输,可有效地提高油田的工作效率和经济性。

(7) FPSO 储油船可绕系泊点在海平面上随波浪旋转,在风标效应的作用下,其一直处于最小受力状态,应用范围很广,对深水和浅水都可以很好地适应,随着水深的增加,投资成本增幅并不大,其船体甲板一般较大,承重能力和抗风浪能力较好,运行可靠性强。

(8) 使用寿命长,拆迁费用低,对于可解脱式的 FPSO,发生故障需要修理时,可以由拖轮拖回船坞进行维修,保养简便。

FPSO 的缺点主要在于需要采用水下湿式采油树,不易于井口操作与维修;油井直接操作的费用可能很高;如果需要转塔系泊系统的话,费用会显著增加。

第5章 平台立管系统

5.1 概 述

在深海的油气开发中,立管系统是海洋基础结构的关键组成部分,也是重要的海洋工程装备之一。立管系统是指用于连接水面浮体和海床井口的细长管系结构。它是浮式生产系统用于向(或从)船上传送液体的基本装置,也是深海生产系统中最复杂的一类设备。立管按其功能可分为钻井立管和生产立管。

20世纪50年代,海洋立管第一次应用于加利福尼亚的离岸钻井驳船上,之后,直到1961年,钻井立管才真正地在动态定位驳船CUSS-1上用于钻井。从那时起,立管主要用于四个目的:钻井、完井、生产/注入和输出。这四个使用方向在细节、尺度和材料方面均有很大的不同。

生产立管,是配合浮式平台开采油气使用的,它比钻井立管晚出现,其第一次应用是在20世纪70年代,结构形式是以顶端张力式钻井立管为基础开发的。从那时起,四种普遍的立管形式就产生了,包括钢悬链线立管(SCR)、顶端张力式立管(TTR)、柔性立管(Flexible Risers)和混合式立管(Hybrid Risers)。

在过去的10年里,立管技术已经取得了300~2 500 m的飞速进步。水深的增加使得立管设计中要考虑的问题更加复杂。

1. 从浅水到深水,立管的设计面临的挑战

(1)流动保障(Flow Assurance)。确保管中流体能顺畅流过。

(2)涡激振动(VIV)。这是深水立管设计的主要挑战,它的直接后果是立管系统的疲劳破坏。

(3)安装(Installation)。目前有若干种立管的安装方法,但对于水深应用来说,各种安装方式有其相对适用的范围和限制。图5.1显示了柔性立管对于S型、J型和圆筒铺设方法相对应适用水深。不管哪种安装方法,都面临诸如疲劳、折断、干扰和碰撞等各种挑战。

(4)弹性接头的应用降低了立管悬挂位置的弯矩,它可以用来承受高压、高温和酸性的工作环境,其多重应用的特征也是研究的热点。

(5)立管和土壤的相互作用会引起立管触地点的振动,导致这一区域的疲劳损伤,所以需要对这一特殊区域的相互作用加以研究。

(6)操控(Operation)。深水的特殊环境条件使得操纵在一定范围内受限,很多任务都是由水下潜器(ROV)来完成,这也是立管系统研究的热点之一。

2. 深水立管的设计需要考虑的因素

(1)进行安全、有效、可靠的立管设计,包括强度、疲劳、优化和热学上来改善性能,降低

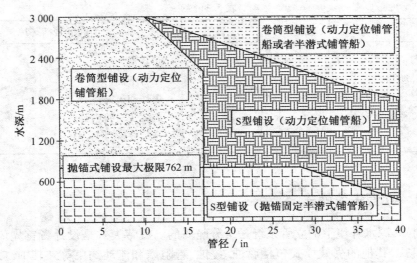

图 5.1　不同水深和立管直径所对应的铺管安装方法

临界条件。

(2) 实现更快、更低成本的离岸建造和安装。

(3) 提高进度的灵活性,比如安装船的可用性及预安装能力。

(4) 提高长期完整性,确保立管能够为未来的维护、升级以及额外的运载提供便利。

5.1.1　立管载荷

常见的三种立管载荷分别是功能载荷、环境载荷和偶然载荷。

功能载荷是立管必不可少的一部分,比如立管、组件和腐蚀涂层等的重力。立管的外部组件是引起立管的应力和应变的主要因素。

环境载荷包括风、浪、流和可能存在的冰的冲击载荷,它是引起立管动态特性的主要原由。

偶然载荷是在立管使用期间偶然发生的,比如高空坠物引起的不可忽视的载荷。

表 5.1 详细列出了立管的载荷种类。

表 5.1　立管载荷种类

载荷类型	载荷	引起的载荷环境
功能载荷	1. 立管、组件和腐蚀涂层的重力; 2. 由于内容物和外静水力引起的压力; 3. 浮力; 4. 热效应; 5. 名义顶端张力	1. 海生物、附体、管型材料的重力; 2. 由于内容物流动、冲击、阻塞或者清管产生的载荷; 3. 安装载荷; 4. 浮体限制载荷
环境载荷	1. 波浪载荷; 2. 流载荷	1. 风载荷; 2. 地震载荷; 3. 冰载荷

表 5.1(续)

载荷类型	载荷	引起的载荷环境
偶然载荷	1. 坠物; 2. 定位能力的部分损失; 3. 船体影响	1. 张紧器失效; 2. 立管干扰; 3. 爆炸和火灾; 4. 连续变动的热量; 5. 操控故障

5.1.2 立管失效模式

众所周知,深水环境下的立管系统是十分脆弱的。疲劳失效是设计者首先应该考虑的一种失效模式,其他的失效模式包括腐蚀、侵蚀、管阻塞和流动约束等。其中,疲劳失效的主要来源是涡激振动和水面浮体的运动。在立管设计中需要优先考虑一些可动部位的疲劳强度问题。另外,腐蚀和侵蚀失效也会影响到立管的整体性。同时,还必须防止发生管道阻塞或者流动限制失效,确保立管中液体流动的顺畅。

一般来说,立管系统有五种典型的失效模式:疲劳失效、腐蚀失效、侵蚀失效、管阻塞/流动限制失效和立管节点失效。

1. 疲劳失效

疲劳是一种逐步性局部结构破坏,发生在材料承受循环载荷的位置。疲劳强度对应的最大应力通常都比极限拉应力小,也可能在材料的屈服应力极限以下。

2. 腐蚀失效

腐蚀失效是由于材料与周围环境发生化学反应,导致材料内本质属性发生的损坏。用术语来讲,腐蚀就是当水和氧气发生化学反应时,金属电子的丢失。铁原子被氧化导致铁的削弱是电化学腐蚀的典型实例,也就是所谓的生锈,这种破坏通常会产生氧化物或盐。腐蚀也可以是陶器材料的降级,以及由于太阳的紫外线辐射引起的聚合物的弱化。刚性立管和柔性立管的金属结构在 H_2O, CO_2 和 H_2S 环境中易受腐蚀。

3. 侵蚀失效

侵蚀失效是由于沙粒或者液滴的反复摩擦作用引起的材料损失。侵蚀是指实体(沉淀物、土壤、岩和其他颗粒)从它所处的固有环境中脱落,通常是由风、水或者冰的传递、土壤或者其他材料受重力下滑引起的,或者发生在生物侵蚀、掘穴生物破坏的情况中。

当沙粒冲击柔性管道的内壳或者内层聚合物覆层时也会发生侵蚀,侵蚀失效一般发生在与弧形的管截面相关联的位置。

4. 管阻塞或者流动限制失效

由于沥青水合物、蜡、水锈和管子内壁沙粒沉淀物的影响,管中可能出现阻塞物,对管子内部液体的正常流动形成障碍,尤其在深水运行条件下(低温和高压)容易遇到阻塞情况。

在管内低温情况下,输送碳氢化合物的管道易受到蜡或者水合沉淀物的影响,石蜡或者水合沉淀的形成会引起管内阻塞,限制液体流动,导致管内压力的增加,如果置之不理,最终会导致压力层的破裂甚至管路塌陷。

5. 立管节点失效

立管节点是由无缝管构成的,在末端有机械连接件。对于钻井立管来说,通过连接件上延伸的法兰将立管与节流管线和压井管线连接起来。立管以类似钻杆的方式操作,需要把它们一根一根的串成串,并且利用张紧器将连接件旋紧。立管节点的失效模式有密封渗漏、插销破裂、焊接疲劳和螺栓破损等形式。

5.1.3 海洋立管的设计规范

尽管立管已经存在很多年了,它只是在近些年来随着深水技术的发展而产生了巨大的进步。早期立管的主要结构是钢铁生产管线的简单延伸,通常固定在导管架的腿柱上。早期的立管设计以独立的管道标准为基础,只是采用不同的安全系数而已。

深水开发需要新方案和新技术来处理在浅水开发中遇不到的挑战。为了解决深水立管技术也需要一个新型的工业立管设计标准。第一个立管设计标准是 API RP 2RD,然后是 DNV OS F201。

1. 目前采用的标准

(1) API RP 2RD(1998)

这一规范是 1998 年,美国石油协会为浮式生产系统及张力腿平台下的立管设计所制定的规范。

(2) DNV OS F201(2001)

这一规范是挪威船级社在 2001 年制定。

(3) API RP 16Q

这是美国石油协会为海洋钻井立管所制定的设计、操作、选取及维护的参考规范。

(4) ISO/FDIS 13628 - 7:2003(E)

这一规范是专门为石油、天然气生产而制定的。

2. 立管设计所涉及的规范

(1) API Spec5L《管线管规范》

(2) DNV - OS - F101《海底管线系统》

(3) API 17B 和 17J《柔性立管规范》

(4) API RP17G《完井和修井立管规范》

(5) API Spec16F《海洋钻井隔水管设备规范》

(6) SY/T 10037《海底管道系统规范》

(7) ISO13628 - 5《刚性脐带管结构规范》

5.1.4 海洋立管的工业设计软件

海洋立管设计分析的工具有多种,下面的是用于立管分析的已高度商业化和知名的工业软件。

(1)通用的有限元分析软件

ABAQUS、ANSYS等(用于进行立管整体和局部分析)。

(2)立管分析工具

Flexcom、Orcaflex、Riflex等(用于模拟立管动态运动和计算相关项目)。

(3)立管涡激振动(VIV)分析工具

Shear7、VIVA、VIVANA、Deeplines、Flexriser以及基于CFD的软件(用于模拟和预测立管疲劳速率或寿命)。

(4)耦合运动分析软件

HARP。

(5)立管安装分析工具

OFFPIPE、Orcaflex、Pipelay等。

Orcaflex是英国Ocina公司开发的一款深水立管及系泊系统设计分析的专业软件包,被广泛应用于国外的深水油气田开发工程。它能够模拟顶端张紧式立管、钢悬链线立管、柔性立管、脐带管及锚链等海洋工程结构的服役状态和安装过程,分析计算立管系统及锚链的波浪响应和涡激振动(VIV)及其疲劳损伤,动态模拟海底管线的铺设及立管系统安装过程,并能够动态显示计算过程,因此是一套功能强大的深水立管系统设计分析软件。

Orcaflex有七种不同类型的单元,分别命名为VESSEL、LINE、6D BUOYS、3D BUOYS、WINCH、LINK和SHAPE。这些单元可模拟各种类型的浮式生产设施,如Spar、TLP、半潜式平台和FPSO,施工船、刚性立管、柔性立管、锚链、绞车以及平台与立管之间的各种连接和约束。

VESSEL单元在软件中可用来模拟具有六个自由度的浮式生产设施和施工船或类似的浮体,如Spar、FPSO和铺管船等。Orcaflex能根据用户输入的运动RAO计算浮体的运动,这大大提高了计算的速度。同时,定义VESSEL的速度和速度变化,可以用来模拟船只航行状态。此外,还可以通过定义荷载RAO、附加质量、阻尼等相关参数,计算得到浮体在特定海况下的力、弯矩和水动力等。

LINE单元是弯曲刚度可以在较大范围内变化的线形单元,可以模拟刚性立管、柔性管、锚(缆)链以及类似的结构。LINE单元是集中质量模型,集中质量之间由无质量的弹簧连接。LINE单元的轴向、弯曲和扭转刚度与阻尼分别由相应变形的弹簧和阻尼器模拟。LINE单元的基本参数包括单位长度的质量、弯曲刚度、轴向刚度、扭转刚度和相应的阻尼系数等,这些参数是集中质量和相应的弹簧计算依据。

WINCH单元可用来模拟绞车的缆索,它有两个端点,可以选择两端的固定形式(锚固、自由或者固定于某一点)或与某一物体连接。WINCH的功能是通过定义其张力、长度、收回或者展开速度及长度来实现的。通过定义不同的参数,WINCH单元可以模拟不同的功能。

LINK单元在OrcaFlex软件中有两种形式,分别为TETHERS和SPRING/DAMPERS。前者是只能承受拉力而不能承受压力的弹簧,用来模拟可分离的接触问题。而后者是普通的拉压弹簧,用于模拟一般的弹性约束。

OrcaFlex 软件的分析主要分为两个步骤,动力分析前要进行静力分析。静力分析是根据模型系统的特性以及外荷载,分析得到结构的静平衡位置。静力分析除了能够简单检验分析模型是否正确(能否达到静平衡),同时还为接下去的动力分析提供一个最佳(平衡)的初始位置。

动力分析采用时域分析方法,时域分析的积分方式有隐式积分和显式积分两种,两者的区别在于显式积分格式是对 t 时刻的平衡方程求解,而隐式积分格式是对 $t+\Delta t$ 时刻的平衡方程求解。因此显式积分格式的每个时间步长计算量较小,但要求时间步长小,而隐式积分格式则相反。

OrcaFlex 能进行管线的模态分析以及疲劳分析等。模态分析的前提是管线必须静力平衡,即能够达到一个比较合适的平衡状态。而要进行疲劳分析之前,必须先进行动力分析的计算,即分析出管线的应力时程状态而后才能计算疲劳损伤。

5.1.5 海洋立管的安装方法

海洋立管的安装是通过专用安装浮式装置进行的。最常用的海洋安装方法包括:J 型铺设、卷筒铺设、S 型铺设和拖曳铺设。

由于安装方法的不同,海洋立管承受安装浮式装置不同的安装载荷。这些载荷包括压力、张力、弯曲和疲劳等。安装工程设计用于估算载荷对立管的影响以保证载荷作用符合强度设计标准。进行安装工程设计时,最常用的软件是 ORCAFLEX。该软件可以给出安装过程中危险情况的预测的综合结果。每种安装方法的全面描述总结在表 5.2 中。

表 5.2 安装方法总结

安装方法	特征
J 型铺设	1. 焊接在浮式装置上进行,但由于在一个焊接站进行,速度慢; 2. 管道脱离角度非常接近于垂直,所以张力较小; 3. 主要用于深水; 4. 不需船尾托管架; 5. 因为所有操作都在垂直方向完成,稳定性是一个难题; 6. 典型铺设速度是 1～1.5 km/d
卷筒铺设	1. 管道在岸上的可控环境中焊接,然后连续地缠绕在浮式装置上; 2. 全部完成或达到最大容量; 3. 张力减少很多,因此与 S 型铺设相比可以更好地控制; 4. 对可处理的覆层类型有限制; 5. 存在局限性,通常是由关系到装载能力的容积引起; 6. 需要岸上基地的支持; 7. 典型铺设速度可高达 1 km/h,平均约 600 m/h

表 5.2(续)

安装方法	特征
S 型铺设	1. 管道在浮式装置上使用单或双接头进行装配； 2. 需要一个可达 100 m 长的托管架,它可以具有单一的部件是刚性的,或者具有 2 个或 3 个铰接的部件； 3. 必须处理非常大的张力； 4. 有水深限制因为： 　　　　更大水深 = 更长的托管架 = 稳定性丧失 　　　　更大水深 = 更高的张力 = 更大的风险 5. 典型铺设速度约 3.5 km/d。
拖曳铺设	1. 立管束在岸上制造(垂直和平行)； 2. 在车间里可以获得很好的焊接质量； 3. 灵活的制造进度表与海上进度表没有冲突； 4. 可使用非常廉价的拖船； 5. 可使用各种各样的拖曳方法(水面、水面下、CDTM、底部拖曳)； 6. 可安装长度有限制； 7. 需要三艘拖船用于安装(但是廉价)； 8. 由于它非常大的重力所以在海床上非常稳定(不需挖沟)

5.2 钻井立管

在各种海洋立管中,钻井立管是比较特殊的一种。一般说来,钻井立管系统主要包括张紧器系统、伸缩节、顶部柔性接头、立管单根、底部柔性接头等部件,图 5.2 展示了钻井立管系统的基本结构。

钻井立管作业时,会受到以下几种载荷的作用：波浪载荷、风载荷、潮汐作用、立管自重、浮力、张紧器张力等。这些作用力作用在钻井立管上,使得立管在海水中受力情况非常复杂。

5.2.1 立管设计规范

对于深水钻井立管,通常主要应用 API RP 2RD 及 API RP 16Q 对钻井立管进行设计及校核。

1. 可操作性限定

如表 5.3 所示为钻井立管操作性限定的典型标准,主要来自 API 16Q。

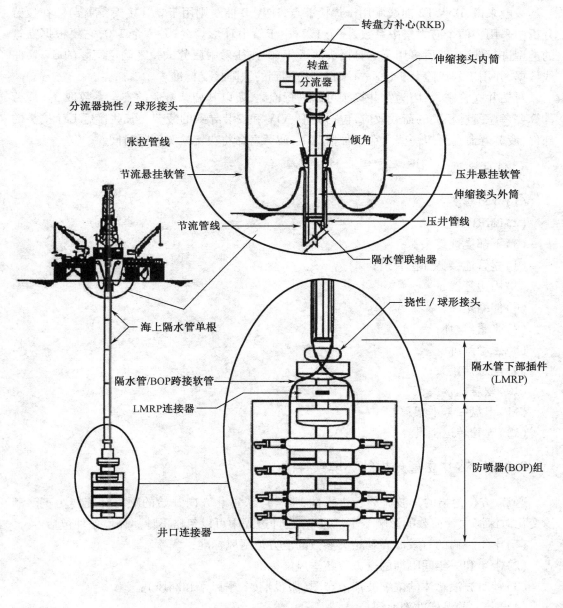

图 5.2 钻井立管结构示意图

表 5.3 钻井立管的操作性限定标准

设计参数	定义	钻井条件	非钻井条件
下部挠性接头连接角	平均值	1°	NA
	最大值	4°	90%容量(9°)
上部挠性接头连接角	平均值	2°	NA
	最大值	4°	90%容量(9°)
Von Mises 应力	最大值	67% σ_y	80% σ_y
套管弯矩	最大值	80% σ_y	80% σ_y

一般来说，DNV F2 曲线常用于焊接节点，DNV B 曲线则用于立管接头（耦合）。在疲劳分析中采用了两个应力集中系数，一个 1.2，用于管道环形焊缝；另一个 2.0，它要根据立管的类型进行选取，然后再用于立管接头。近年来，往往采用疲劳试验来确定实际的 S–N 曲线数据，并用工程风险分析（ECA）来得到检测到的缺陷接受标准。

对钻井立管来说，因为钻井接头可以进行检测，所以其疲劳寿命的安全系数取 3。疲劳计算要考虑所有相关的荷载效应，包括波浪、VIV 和安装导致的疲劳。某些接近 LFJ 接头的部件，疲劳寿命会更短一些。在这种情况下，疲劳寿命将决定检测间隔时间。

2. 组件承载能力

(1) 井口接头；
(2) LMRP 接头；
(3) 下部挠性接头；
(4) 立管连接器和主管道；
(5) 周边管线；
(6) 伸缩接头；
(7) 张紧器/环；
(8) 主动升沉绞车；
(9) 硬悬挂接头；
(10) 软悬挂接头；
(11) 卡盘 – 常平架；
(12) 立管转运工具。

5.2.2　钻井立管分析的环境条件

通常，方位角指的是波流的行进方向，常常以从正北方向开始的顺时针旋转为正。潮汐变化对深海立管荷载的影响微不足道，在设计过程中可以忽略不计。环境条件包括：
(1) 十年一遇的有效波高和相关参数的全方位飓风标准；
(2) 十年和一年间隔期的全方位冬季风暴标准；
(3) 针对波浪总体的浓缩波浪散布图（服役期、冬季风暴和飓风）；
(4) 环流/漩涡标准剖面图；
(5) 十年和一年一遇的海流剖面图和相关风、波浪参数；
(6) 底流的超越概率和标准化的底流轮廓图；
(7) 环流/漩涡和底流的组合标准剖面图（最大值）；
(8) 十年一遇的环流/漩涡，一年一遇的底流或者一年一遇的环流/漩涡，一年一遇的底流组合剖面图；
(9) 百年一遇的潜流超越概率和轮廓图。

5.2.3　钻井立管分析方法

钻井立管力学性能分析分为静力分析和时域动力分析，静力分析的目的是确定系统的初始平衡位置,以作为时域动力分析的初始值。静力分析中所考虑的荷载为定常荷载,主要包括静水压力、浮力、重力、流荷载以及土壤的反作用力等。

动力分析的目的是考虑波浪对系统的作用力,以检验系统在指定工况下的强度是否满足规范要求,分析的目的主要是为了保证系统的安全性。动力分析可以考虑整个系统的耦合作用,包括半潜平台及立管对整个系统动力响应的影响。

立管的力学方程有很多种数值解法,最常用的有集中质量法、有限单元法和有限差分法。集中质量法是处理海洋立管、管线及锚泊线等细长体非线性结构大变形问题最常用的方法。

深水钻井立管的设计影响因素主要有水深、波浪、海流、钻井液密度、浮力块长度、浮力块直径等。在其他因素一定时,改变以上各因素,会对立管的受力产生不同程度的影响。因此在进行深水钻井立管设计时需要考虑以上各因素对立管强度的影响,以确定最佳立管配置。

钻井立管设计与分析的结构和一些关键词如图5.3所示。

从结构分析的角度来看,钻井立管是一个承受海流作用的垂直缆索。钻井立管缆索的上部边界条件是受到波浪及风载荷作用的钻井平台运动。对于深海钻井立管而言,设计的一个关键技术挑战就是表面环流和底流引起的VIV疲劳损坏。

1. 送入和回收分析

送入和回收分析的目的就是确定容许的海流环境。在送入操作过程中,立管可以由一个距RKB有75 ft高的挂钩支撑或者悬挂在卡盘上。因为在接头和分流器外壳之间存在着潜在的接触,从而设计的关键部件是挂钩支撑。出于布局考虑,BOP常安装在立管上。如果立管和LMRP分离,那么BOP可以不安装在立管上。

挂钩可看作一个只受垂直和水平位移限制的销栓支撑。在海流载荷作用下,立管可以绕挂钩旋转。限制标准是立管接头与分流器外壳之间的接触。

静力分析用来评估海流拖曳力的影响,这里不考虑波浪造成的立管的横向运动。

2. 可行性分析

可行性分析的目的是针对各种不同泥浆重力和立管顶部张力来确定操作性条件。

限定标准的可操作性条件同时采用静态和动态波浪计算分析。静态分析包括分析在当前海流作用下钻进立管上部和下部的偏移量,以此来确定向上和向下的偏移量是否达到了极限值。通常需要考虑两种海流的组合:基流+底流和涡流+底流。典型的三种泥浆重力都将参照他们各自的顶部张力进行建模。

动态分析过程除了加入了波浪载荷外,其他与静态分析一样。动态分析常采用时域分析,即采用H_{max}的规则波并且至少持续5个周期。通过动态分析确定出LFJ和UFJ角度的最大值,并与规范限定值进行比较。

3. 薄弱点分析

薄弱点分析是钻井立管设计过程的一部分。薄弱点分析的目的是设计和确定在极限偏移条件下系统的破坏点。立管系统需要通过设计来保证薄弱点位于BOP之上。

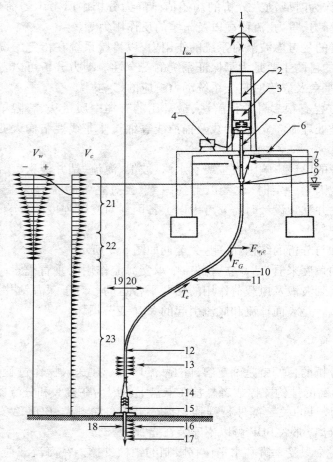

图 5.3 C/W_0 立管设计与分析中的主要参数(ISO 13628-7,2003(E))

1—由一阶波形产生的波浪运动;2—绞车的张紧和冲程;3—水面设备;
4—水面压力;5—滑动接头;6—钻井板;7—张紧器滑轮;
8—张紧器的张紧和冲程;9—张力接头;10—外径;11—立管接头;
12—弯曲加强杆;13—外部压力;14—应力接头;15—水下设备;
16—土壤约束;17—工具;18—导管弯曲加强杆;19—上游;20—下游;
21—激励区;22—剪力区;23—阻尼区;24—波浪和海流作用力;25—重力;
26—有效张力;27—波浪速度;28—海流速度;29—船体偏移

分析的基本假定是设有设备的加载路径都是按照制造商的规范设计。立管系统潜在的薄弱区通常有如下几个方面:

(1)钻井立管的过载;
(2)连接器或法兰的过载;
(3)张紧器超出其张紧能力;
(4)超出顶部和底部挠性接头的限制;
(5)井口的过载。

4. 漂移分析

漂移分析是钻井立管系统设计过程的一部分。漂移分析的目的是确定极端环境条件或漂移/驱动条件下何时启动断开程序。该分析适用于钻井和非钻井的运行模式。在各个模式中,漂移分析都将确定船舶在各种风和海流及波浪作用下的最大下游位置。

漂移分析的第一个任务就是确定断开点位置的评估标准。这些标准可以根据设备在加载路径下的额定负载能力来确定:

(1) 导管的套管——80%屈服强度;
(2) 张紧器和伸缩接头顶出行程;
(3) 顶部和底部挠性接头限制;
(4) 井口连接器的过载;
(5) LMRP连接器的过载;
(6) 立管接头的应力(0.67倍的屈服应力)。

5. VIV 分析

钻井立管 VIV 分析的目的如下:

(1) 预测 VIV 的疲劳损伤;
(2) 确定疲劳关键部件;
(3) 确定所需张力和容许海流速度。

6. 悬挂分析

两个悬挂构造假定如下:硬悬挂,挤压伸缩接头并在船体上锁紧,从而使立管顶部随着船舶上下移动;软悬挂,立管由立管张紧器支撑,这些张紧器的 APV(空气压力容器)都保持打开状态,并配有一个顶部安装补偿器(CMC),它们提供了一个与船舶相连的垂直弹簧连接。

利用随机波进行时域分析至少需要三个小时的模拟时间。硬悬挂的实例为一年一遇的冬季风暴和十年一遇的飓风。软悬挂的实例为十年一遇的冬季风暴和十年一遇的飓风。动态时域分析的目的是测试各个模型的可行性。

在硬悬挂模型中,立管从 BOP 中分离出来,只有 LMRP 连接在立管上。在硬悬挂方法中,只有位移是固定的。转动由常平架-卡盘的刚度决定。下放保护装置位于主甲板上。

对于软悬挂方法来说,立管重力由张紧器和绞车来承担。绞车的刚度为零,而张紧器的刚度可基于张紧器所承受的立管重力以及波浪作用下的立管的额冲程估算得到。

硬悬挂和软悬挂分析的评价标准如下:

(1) 针对软悬挂,要对张紧器和滑动接头的冲程进行限制;
(2) 最小顶部张力要保持正值,以避免卡盘隆起;
(3) 最大顶部张力为下部结构和悬挂工具的额定值;
(4) 立管应力极限为 $0.67F_y$;
(5) 常平架的角度要适当以避免滑出;
(6) 龙骨和常平架之间的最大角度要避免与船碰撞。

7. 双重作业干扰分析

在使用辅助钻井平台进行部署活动时,有必要对不同的情况下现场以及与主设备相连的钻井立管进行双重作业干扰分析。该分析的目的是确定海流和偏移的限制量,以确保不会导致任何钻井立管、辅助钻井平台上的悬挂设备或绞车之间发生碰撞。主管道与辅助钻井平台和钻井平台之间的距离是一个重要的设计参数。值得注意的是,主管道与月池、船体或支撑发生的碰撞需要在完成叠加模型之前就对各项进行独立的评估。

根据双重作业分析所提供的资料,可以得到静态偏移以及由海流载荷产生的附加静态偏移。最后,在系统中加上海流载荷,并对钻井立管、双重作业设备与船舶之间的最小距离进行评估。

8. 反冲分析

导管反冲分析的目的是确定反冲系统设置和船舶的位置要求,以保证断开时实现以下目标:

(1) LMRP 连接器不会发生故障;
(2) LMRP 立管和 BOP 保持通畅;
(3) 立管能以可控的方式升起。

如果船舶有自动反冲系统,那么反冲分析就不需要特定的程序。

5.3 生产立管

目前在世界各地的深水油气开发中,已经广泛采用并经过油田现场验证的深水生产立管主要包括钢悬链立管、顶部张力式立管、柔性立管及混合式立管。

5.3.1 钢悬链立管

1. 钢悬链立管的优点

深海油气开发工程中常采用的生产立管形式有钢悬链立管、柔性立管、顶部张紧式立管和混合式立管,其中钢悬链立管是立管设计的首选。与其他立管形式相比,其具有以下优点:

(1) 外形简单、易于建造安装,有较高的性价比;
(2) 通过柔性接头等方式直接连接并悬挂在平台外侧,节省占用空间,且无需提供额外的张紧力;
(3) 耐高温高压,适于深水环境。

2. 钢悬链立管的组成

钢悬链立管顶端与浮式平台相连,底端连接海底井口,在重力和浮力的作用下呈现悬链线状。顶部通过应力节或是柔性接头以某一悬挂角自由悬挂连接在浮式生产平台上,中间以悬链线形式自由过渡到海床土体的触地点上,另一端则通过管道终端管汇(PLET/

PLEM)直接与水下生产系统相连接,并不需要海底应力接头或柔性接头,从而使水下施工量和难度都得到了明显的降低。钢悬链立管自顶端自由悬挂到底部触地点,触地区立管埋置在沟槽中,在其后,立管静置在海床表面上,可以看作为静止的管线,因此钢悬链立管可以如图5.4所示的分为三个部分:

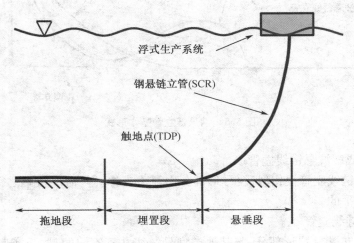

图5.4 钢悬链立管各部分

(1)悬垂段:此处立管呈悬链线形式自由悬挂;
(2)埋置段:此处立管位于触地区沟槽中;
(3)拖地段:此处立管静置在海床上。

3. 钢悬链立管的基本形式

浮式平台在环境载荷的作用下会产生较大的运动响应,包括一阶高频响应和二阶低频响应,其中一阶运动是在平衡位置附近的振荡,幅度较小,同时具有较高频率,是造成立管疲劳的重要原因。钢悬链线立管的运动是大位移非线性问题,浮式平台的运动会使立管做上升和下放运动,从而使立管与海床反复接触与分离,形成触地区域。触地区域对平台运动比较敏感,疲劳损伤严重,这是简单钢悬链立管存在的主要问题,因此一般只适用于Spar和TLP等运动性能较好的平台。

从1994年壳牌公司(shell)在墨西哥湾872 m水深安装了世界上第一条SCR开始,为了适应不同水深的需要,钢悬链线立管的概念被不断地发展和延伸,经过十几年的发展,已经出现了四种基本形式的钢悬链线立管——简单悬链线立管(Simple Catenary Riser)、浮力波或缓波悬链线立管(Buoyant Wave/Lazy Wave Riser)、陡波悬链线立管(Steep Wave Riser)和L型悬链线立管(Bottom Weighted Riser/L Riser),如图5.5所示。

(1)简单式悬链线立管

与浮式结构通过柔性接头连接,自由悬挂在平台外侧,悬浮部分的弯曲长度接近90°,水平地与海底接触,在与海底接触之前有一部分是悬浮的,这段长度会随着浮体位置的变化而变化,实际的长度由浮体的漂移位置来决定。

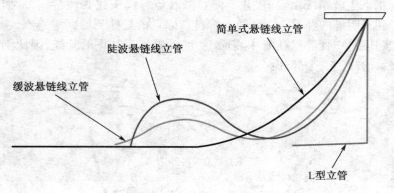

图 5.5 钢悬链立管基本形式

(2) 浮力波或缓波悬链线立管

与简单式悬链线立管很相似,缓弓形部分由浮力支撑。与海底接触之前为"弓"形,与海底接触时是水平的。

(3) 陡波悬链线立管

需要浮力来支撑"弓"形部分,与其他类型悬链线立管不同的是,与海底接触时不是水平的,而是垂直于海底表面的,而且与海底的接触点是固定的,其他的则是可以移动的。

(4) L 型悬链线立管

是通过刚臂和弯曲点连接的垂直和水平的两段组成,也需要浮力装置,水平段的材料是钛,一端弯曲与竖直向立管相连,另一端连接其他管线。水平段立管保持平衡需要一小部分浮力,刚臂柱的系缆可以保证竖直段立管的稳定性。

简单的就悬链线形式而言,由于简单悬链线立管可供适用船体运动的悬链线长度有限制,故该立管形式主要适用于船体平移运动较小的 TLP 平台及 Spar 平台,而对浮体平移运动较大的 FPSO,它并不适用。

缓波立管/变形式缓波立管/陡波形立管及迷你波形立管较简单,悬链线立管对船体平移运动具有更大的顺应性,而且可以更容易地适应浮体结构大的慢漂运动,因此对于 TLP 平台、Spar 平台及 FPSO 均可以适用。其中的缓波和陡波立管是为了减小立管的顶部张力而设计的,其隆起部分是由浮力来实现的,因此它们的适用水深比简单悬链线立管更深。

L 型立管较波形立管及简单悬链线立管而言,可以适应更大的船体运动,承受更大的流体载荷,特别适用于连接在浅水中大直径出油的 FPSO。

5.3.2 柔性立管

柔性管是海洋管道中的一种重要类型。与其他管道产品相比,柔性管是多层复合管状结构物,具有弯曲刚度小,结构布置形式灵活、顺应性强、与平台耦合较弱、安装与回收成本低等优点。柔性管在挪威北海、巴西以及美国墨西哥湾等恶劣海况的深海油气田中被广泛运用。

柔性管根据制造工艺可分为黏结柔性管(bonded flexible pipe)和非黏结柔性(unbonded flexible pipe)。黏结柔性管道的制造因硫化工艺而使长度受到限制,不适于用作动态立管。非黏结柔性管道可制造成几百米甚至几千米长,且便于依用户要求而增减结构层的数目,是目前柔性管的主流结构形式。

1. 非黏结柔性管的组成

非粘结柔性管是一种多层复合管状结构物,由多种金属与聚酯材料层叠加制成。一个典型的八层柔性管截面按从内到外包括内衬层(Internal Carcass)、内压防护层(Internal Pressure)、内锁压力层(Pressure Armor)、抗磨层(Anti-wear tape)、抗拉伸层(Tensile Armor)、外保护层(Outer Sheath)。各层名称,材料与主要作用如图5.6所示。

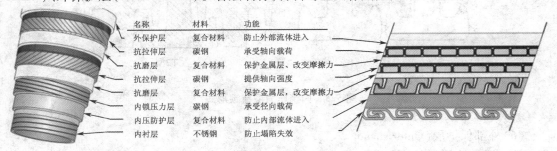

图5.6 典型非黏结柔性管截面名称、材料和功能

(1)内衬层(Internal Carcass layer)

由一条截面为S型的连续长钢条经塑性成形,制成内部自锁的柔性结构。其自锁结构如图5.7所示。该层是柔性立管的主要支撑结构,承受内外部的径向载荷,防止立管因径向变形而发生塌陷等结构失效。

图5.7 非黏结柔性管内衬层自锁结构

(2)内压防护层(Internal pressure layer)

聚合材料经拉伸工艺制造的,位于骨架层和耐压铠装层之间,起到隔离防渗的作用。

(3)内锁压力层(Pressure armor layer)

由两条C型或Z型钢带沿着与管轴近90°方向缠绕而成的互锁结构层。该层可增强柔性立管的内外压承载能力,且能够承受周向载荷。但是该层对轴向载荷和弯曲载荷的承载能力较弱,其形式如图5.8。

(4)抗磨层(Anti-wear tape)

采用非金属材料胶带缠绕而成的。置于两金属结构层之间,主要用于降低磨损和擦伤,提高立管的疲劳寿命。

(5)抗拉伸层(Tensile armor layer)

是由一定数量的长条形高强度碳钢钢缆螺旋缠绕组成,柔性管一般设计有一对反向缠绕的螺旋抗拉铠装层,用于提供轴向强度,承受因柔性管自重,外部动载荷和安装期间的拉力载荷等引起的轴向力。

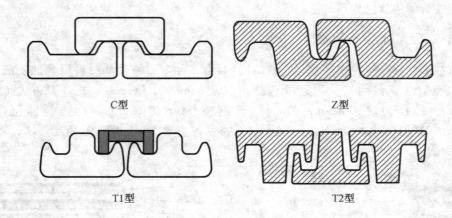

图 5.8 内锁压力层自锁形式

(6) 外部保护层(Outer sheath)

是立管与外部环境的交界层,主要功能为抗腐防漏。

除了柔性管本身以外,组成柔性管系统的还有许多辅助连接构件。

(7) 接合器(End fittings)

柔性管与固定末端的链接或柔性管段之间的链接会成为一个具有潜在劣势的区域,需要进行特别地设计。接合器是柔性管的重要构件,如图 5.9 所示,其安装方法主要是机械方法,用楔形装置插入终端部件中,用环氧接合剂填满缝隙。对于每一个柔性管结构都需要进行独立地设计校核。主要以 AISI4130 低合金钢为主。其装配过程需要部分手工完成。

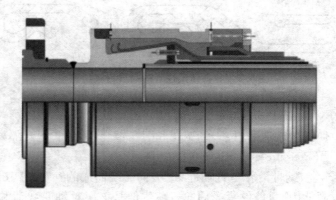

图 5.9 端部构件示意图

① 阳极夹具(Anode Clamp)

用以安装在端部构件上,防止端部构件腐蚀。其安装方法是运用 ROV 用钢刷清洁端部构件表面,保证良好的电接触,再运用 ROV 进行安装,如图 5.10 所示。

② 弯曲加强杆(Bend stiffener)

动态立管十分必要的辅助构件,一般为采用聚酯材料制作的锥形构件,用以将弯矩从端部构件上转移,如图 5.11。

图 5.10　阳极夹具

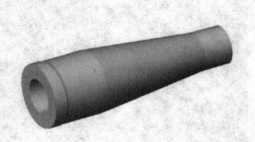

图 5.11　弯曲加强杆

③弯曲限制器(Bend restrictor)

弯曲限制器如图 5.12 所示，它一般用在连接处或者弯曲段，以聚酯材料制作，用以防止弯曲角度过大。

图 5.12　弯曲限制器

④浮筒模块(Buoyancy modules)

用以调整柔性管浮力以改变布置形式。

2. 非黏结柔性管布置形式与特点

柔性立管应用十分广泛，即可用于深水环境中的动态立管，也可用于上部浮体之间的跨接软管，连接海洋平台，还可用于海底管道以及海底静态输油管等，如图 5.13 所示。

柔性立管系统的布置形式有多种，其布置形式需要根据产品要求和当地海洋环境条件和土壤条件进行分析考虑，具体需要考虑以下因素：整体的形状和性能；结构连续性、完整性及刚性；柔性管的横剖面属性；柔性管支撑方式；柔性管材料；柔性管成本。图 5.14 中列出了目前柔性立管系统的几种主要布置形式。

(1) 自由悬链线型(Free Hanging Catenary)

自由悬链线型是柔性立管最基本布置形式，其优点是对海底基础设施要求少，安装简便廉价，但该种布置形式船体运动可能会对触地点产生影响。当船体运动剧烈时，立管系统的触地点可能受到屈曲压力，产生破坏。随着水深的增加，由于立管长度和质量增加也会使得柔性立管的顶部张力需求也会增大。

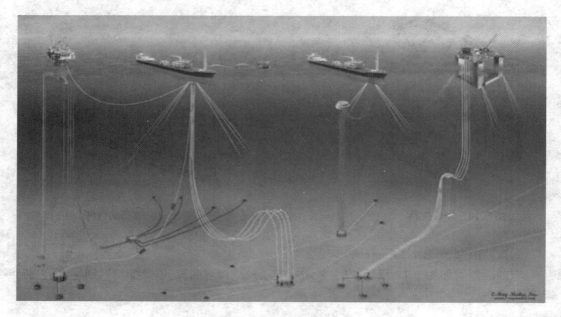

图 5.13　柔性立管应用范围

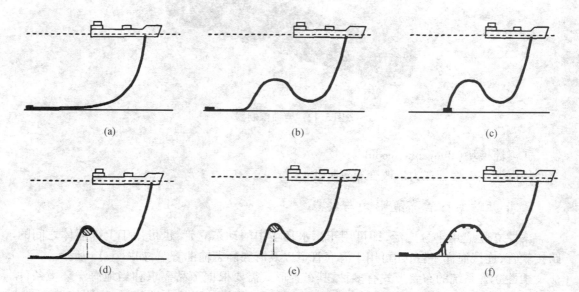

图 5.14　柔性立管系统的常见布置形式
(a) 自由悬链线型；(b) 懒散波型；(c) 陡峭波型；(d) 懒散 S 型；(e) 陡峭 S 型；(f) 中国灯笼型

（2）懒散波型（Lazy Wave）和陡峭波型（Steep Wave）

这两种形式采用波浪形式的立管布置，重力和浮力共同作用于立管上，从而解耦了立管触地点与海洋平台的运动关系。懒散波型相对于陡峭波型需要的海底基础设施更少，但若在立管作业期间管内流体密度发生改变，懒散波的布置形状易发生改变，而陡峭波型具有较好的海底基础和弯曲加强器，则不容易发生变形。

浮力模块由合成塑料支撑，具有较低的流体分离特性。浮力模块夹紧在柔性管上，以避免脱离使得柔性管布置形式发生改变。浮力模块在一定时间后会发生浮力损失,所设计的波形布置结构要能顺应浮力损失。

(3) 懒散 S 型(Lazy-S)和陡峭 S 型(Steep-S)

懒散 S 型和陡峭 S 型的系统布置须在海底安装一个固定的支撑体或者浮力装置,该支撑固定在海底结构物上,通过钢缆定位浮力块。这一方法可以有效解决触地点接触问题,使触地点运动引起很小的顶部张力变化。

(4) 中国灯笼型(Chinese Lantern)

因形似中国灯笼而得名,与陡峭波型类似,中国灯笼型系统通过锚控制触地点,立管的张力传递给锚,而不是触地点。此外,这种布置形式的立管是系到位于浮体下面的井口,使得井口受到其他船舶干扰的可能性减小。

该种布置方法可适应流体密度的大范围变化和浮式结构物的运动,而不发生布置结构形状的大幅度改变,也不会引起管结构的高应力。但其安装过程复杂,一般只在集中布置形式无法使用时才进行考虑,其缺点主要是安装成本过高。

5.3.3 顶部张紧式立管

顶部张紧立管(TTR)是连接水下生产系统与动力浮式生产设施的张紧式立管,用于干式采油树生产设施。与其他类型的立管相比,顶部张紧立管在顶部有张力的作用,通过张力支撑立管重力,防止底部压缩,限制 VIV 损坏和邻近立管间的碰撞。用于 Spar 平台和 TLP 平台的顶部张紧式立管,如图 5.15 所示。对于这样的系统来说,就不需要另外再采用一个单独的钻井架进行油井检修工作。TTR 可进行完井操作,不需使用单独的钻井平台,可完成生产、回注、钻井和外输等功能。顶部张紧式立管要求平台具有良好的运动性能,尤其是垂荡,因此一般用于 Spar 平台和 TLP 平台。

1. 顶部张紧式立管的优缺点

(1) TTR 作为深海油气田开发的立管类型之一,其主要优点如下:
① 可以使用水上采油树与 BOP 系统;
② 疲劳性能好;
③ 顶部张紧式立管可以实现生产、钻井的一体化;
④ 方便检修。

水上采油树对于钻井、完井、修井等过程具有更大的灵活性。由于顶部张紧式立管采用了集束概念,并且是竖直站立,直接位于平台下方,其检测操作更有效。此外,对于一些为了保证油田生产正常所必需的装置而言,如立管的检测系统、气举(gas lift)、加热保温系统、溶解剂注入管线等,在顶部张紧式立管系统上较易实现安装。

(2) 当然,TTR 在具备上述优点的同时,同样具有以下几个缺点:
① 对平台运动要求较高;
② 造价比较昂贵;
③ 需要很多配套的连接装置;
④ 需要很多监测系统;
⑤ 在超深水的应用中存在诸多技术挑战。

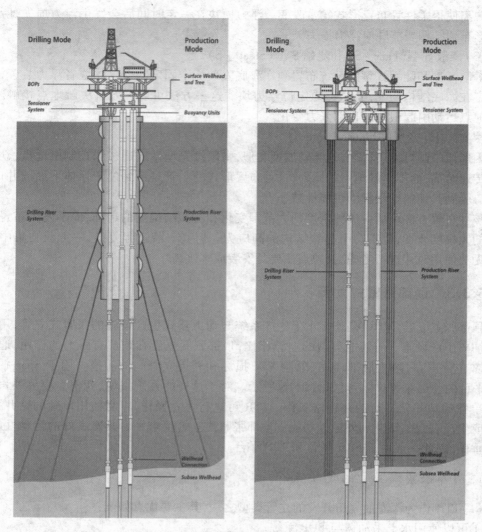

图 5.15 用于 Spar 平台和 TLP 平台的顶部张紧式立管结构示意图

然而,顶部张紧式立管的优势是其他类型的立管难以媲美的,因此仍然具备很好的适用性,在海洋油气田的开发中得到了广泛的应用。

2. 顶张紧式立管的应用

顶端张紧立管早在 1984 年即已经投入浮式生产设施应用之中,即英国位于北海(North Sea)的 TLP 平台 Hutton,水深 146 m。除了 Spar 平台和 TLP 平台,其他形式的平台也可采用顶部张紧式立管。如位于英国北海所在油田的 Tuscan Ardmore 固定式平台,采用了 4 根高压顶部张紧式立管。

目前已应用的半潜式平台都为湿树平台,但近年来,随着对半潜式平台的研究与改进,很多设计单位正在探究将 TTR 应用于半潜平台。

表 5.4 给出了部分关于顶部张紧式立管在各油田项目中的使用统计。

表 5.4 顶部张紧式立管使用统计表

平台名称	平台类型	运营商	时间	油田海域	水深 英尺/ft	水深 米/m	TTR 数目
Brutus	TLP	Shell	2001	Green Canyon, GOM	3 000	914	—
Ursa	TLP	Shell	1999	Mississippi Canyon, GOM	3 950	1 204	12
Ram/Powell	TLP	Shell	1997	Viosca Knoil, GOM	3 215	980	—
Mars	TLP	Shell	1996	Mississippi Canyon, GOM	2 933	894	—
Heidrum	TLP	Conoco Norway Inc.	1995	Norwegian North Sea	1 148	350	—
Auger	TLP	—	1994	Garden Banks, GOM	2 860	872	32
Snorre	TLP	Saga Petroleum	1992	Norwegian Norh Sea	1 017	310	38
Jolliet	TLP	—	1989	Green Canyon, GOM	1 099	335	—
Hutton	TLP	—	1984	North Sea, UK	485	148	—
Hoover	Spar	ExxonMobil	—	Alaminos Canyon, GOM	4 800	1 463	6
Nansen/Boomvang	Spar	Keer-McGee	—	GOM	3 675/3 450	1 120/1 051	14
Holstein	Spar	BP	—	GOM	4 344	1 324	15
Neptune	Spar	—	1996	GOM	1 930	588	16

3. 深水 TTR 技术挑战

随着立管应用走向深水,TTR 及其相关设备在设计、安装、整体分析等方面都带来巨大挑战。TTR 设计问题包括高温高压引起的壁厚增大、顶部张力、平台有效载荷的损失、张紧器行程等众多方面;安装问题包括吊装能力、安装 VIV 和底部与井口的连接等;水深的增加还带来了立管与平台耦合效应的不可忽视。

(1) 顶部张力

随着水深的增加,海底压力增大,为防止立管压溃或爆裂,需将立管主体壁厚加大。另外,深水中常出现高温高压情况,也需要增大立管壁厚。为防止立管压应力的发生,还要保持1.2 到 1.6 的顶部张紧系数,因此超深水意味着立管主体质量增大,需要更大的顶部张力,这对顶部张紧装置有更高的要求。

(2) 张紧器行程

目前,TTR 顶部张紧装置应用最主流的是液压式张紧器,张紧器的行程随着平台的偏移以及垂荡而改变。水越深,平台的漂移可能越大,张紧器的行程越大,这意味着张紧器的制造更加困难。对 RAM 式张紧器来说,其屈曲可能是限制因素之一。

(3) 平台有效载荷

同时,高顶部张力会损失平台的有效载荷。为缓解该情况发生,需要在立管外添加浮力材,或使用高强度材料,意味着造价的提升。

(4)立管干涉

立管之间的干涉问题主要是由于海流流速高、尾涡效应、VIV 引起的拖曳力放大等因素造成。顶部张紧系数越大,越有利于涡激振动的防治。干涉分析目的是防止相邻的管线发生碰撞,为此,需要合理设计 TTR 的顶部张力、井台的布置以及井口分布等。随着水深增大,立管更细长柔软,为防止干涉发生,对上述几个参数的设计要求更为严格。

(5)张紧器的滞滑现象

张紧器的滞滑现象主要由摩擦力引起,这一现象对立管与平台非常重要,因为摩擦载荷会直接传递给立管,并影响平台的运动响应预报。目前对张紧器摩擦力的控制主要基于陆上试验,急需进行张紧器摩擦机制的全尺度测量。

(6)吊载能力

立管质量的增加需要具有更大吊载能力的吊装设备,或采用浮力材进行补偿。

(7)安装 VIV

TTR 立管在进行安装时,是自由悬挂的,相对于张紧时,立管的固有频率较低,这对涡激振动的抑制是不利的。随着水深的增加,立管的固有频率和 VIV 临界流速都是降低的,这对于深水立管的安装带来更大困难。

(8)底部漂移

TTR 安装时,平台的运动及海流会引起立管底部不断运动。水深的增加和平台运动都会导致底部运动更加剧烈,将立管与井口相连的难度增大。

(9)平台运动

立管运动与平台运动是互相耦合的。平台的运动会影响立管的响应,而立管的数量、立管的动态运动和张紧器的特点,如摩擦力,都会影响平台的运动。水深的增加使它们之间的耦合效应更明显,因此对于超深水,需要更准确的捕捉并预报立管与浮式平台之间的耦合效应。

5.3.4 混合式立管

自由站立式立管(FSHR)是一种以钢性立管作为主体部分,通过顶部浮力筒的张力作用,垂直站立在海底,以跨接软管作为外输装置与海上浮体相连接的立管结构形式,这一形式能够大大减弱恶劣的海面条件对立管系统的影响,图 5.16 给出了一个自由站立式立管的典型结构图。

1. 自由站立式立管的优缺点

(1)FSHR 作为深海油气田开发的立管类型之一,主要具有以下优点:

①在海上浮体没有到达目标油田之前,可以预先对其进行安装;
②立管顶部浮力筒位于海平面以下,因此立管系统受海上风浪的影响较小;
③通过跨接软管与海上浮体相连,所以浮体运动对立管主体的影响较小;
④立管的自身质量全部由顶部浮力筒提供的张力来承担,减小了对生产平台的浮力要求;
⑤在风浪条件下,可以实现快速解脱;
⑥自由站立式立管的疲劳寿命较高;
⑦对于油气田的外扩适应能力较强。

图 5.16 自由站立式立管结构示意图

(2) 当然,FSHR 在具备上述优点的同时,同样具有以下缺点:
① 设计经验缺乏;
② 造价比较昂贵;
③ 需要很多配套的连接装置;
④ 需要很多监测系统。

然而,自由站立式立管的优点相对于自身的缺点具有更好地适用性,因而在深海油气田的开发中得到了广泛的应用。

2. 自由站立式立管的特点

(1) 疲劳损伤

自由站立式立管在运行期间的疲劳损伤很小,疲劳主要发生在浮拖过程中。另外,拖运期间的疲劳发生在自由站立式立管的下部,相反运行期间疲劳发生在锥形连接处,即立管与浮筒之间的连接处。钢悬链式立管的疲劳损伤可能发生在立管上的每一个部位,因此需要立管的生产材料和焊接工艺进行严格的控制。钢悬链立管受到的疲劳交变载荷来自于浪流载荷以及涡激振动载荷。SCR 的疲劳敏感区域包括海底触地区域(TDP)和立管上部与浮体结构相连接的部分。在 SCR 的设计中,疲劳测试是必要的,同时需要考虑相关的工程经验和选择有效的 S-N 曲线。

(2) 立管与海底基座的连接

自由站立式立管和海底的连接器设计相对于钢悬链式立管包含更多的部分,包括自由站立式立管基础及其伸缩接头、与管线系统的双向接头以及无潜连接等。这些组件虽然影响立管的制造和安装,但其相关生产技术已经成熟,工程中也很容易,因此自由站立式立管和海底的连接器设计不是考虑的重点。通常,自由站立式立管的现场布设方案比 SCR 更加简单。在钢悬链式立管和海床的界面的设计中，触地点（TDP）的偏移问题和挖沟的实施方案一直没有很好的解决。尽管开展了大尺度的模型实验研究，但至今还没有在实际工程中验证该结果的准确性。另外，为了避免由于热膨胀导致立管纵向伸缩产生的载荷对立管的影响，需要使用锚来保证立管和管线的长期稳性。

（3）立管与海上浮体的连接

自由站立式立管对浮式结构的悬挂荷载比较小，这对于TLP平台或半潜平台而言，是一个显著的优点。因为自由站立式立管是垂直的自支撑结构，传递给浮式生产结构的顶端张力被降低几千吨，同时，这将影响系泊系统和浮体承载能力的设计。对于恶劣的海况出现时，自由站立式立管的跨接软管可以连接在半潜平台的中央井内。SCR对于海上浮体的运动是敏感的，同时与浮体的连接器应尽可能地设计在接近浮式结构的重心位置附近。

（4）生产材料的采购

自由站立式立管的采购包括大量的部件，大部分的部件与工业标准一致，不需要进行非标准的质量控制。由于需要兼顾浮力和保温性能，复合泡沫塑料的采购在以前是一个关键环节，但是，在最近的设计中，复合泡沫塑料不再兼顾保温的性能，并且在一些设计中采用顶部浮力筒的设计形式，因此对复合泡沫塑料的要求有所降低。对于钢悬链式立管部件的采购，其材料必须进行严格的质量控制，以保证能够承受高疲劳荷载。

（5）生产制造

自由站立式立管的制造通常在岸上的工厂中完成。岸上施工的良好环境给质量控制提供了好的条件。由于自由站立式立管不需要特殊的制造技术，因此可以利用油田区域内合适的制造厂进行生产，使利润最大化。当然，制造厂需要满足一些特殊的要求，即必须有受保护海域的直接入口和合适的距离，以及好的物流条件。如Rirassol油田项目中的立管就是在安哥拉的位于Lobito的Sonomet工厂生产的。生产时SCR的部件和安装设备的连接需要仔细地考虑，以保证管线的完整性。任何两个系统的接触点必须进行尺寸兼容性、静力和动力荷载和材料的检测。焊接的质量必须达到最高的标准，以此来控制疲劳损伤。最近的一些SCR项目，如StoltOffshore公司在Nigeria的Bonga项目中，已经对套管法和双重双面法进行了详细的说明，而对于新焊接和无损检测方法有时证明在近海条件下难以控制。

（6）安装

自由站立式立管和钢悬链式立管的安装都被认为是关键性的操作，同时也是项目中存在的风险部分。就自由站立式立管的详细安装工程而言，由于较多地采用了拖航模式，短期的安装过程降低了安装过程的风险，并且安装过程不需要大量的专业船只，仅需要高标准的拖船就可以进行操作。自由站立式立管的完整安装过程中也必须考虑立管海底锚和立管与海底管线双向接头的安装。由于自由站立式立管的安装先于海上浮体，因此可以在较短的时间内投入生产。就钢悬链式立管而言，完整的安装通常被认为是铺管操作的延伸，其组合生产、安装比较复杂，风险概率比较高。

（7）生产运行性能（OPEX）

系统的可靠性直接关系到检测、维护和修复工作。钢悬链式立管对于动力疲劳荷载比较敏感，而自由站立式立管有较多的部件，存在潜在的风险。在没有现场统计的条件下，对系统可靠性的确定是困难的。由于自由站立式立管采用了集束概念，并且是垂直站立，其检测操作比SCR更有效。就油田扩张而言，自由站立式立管提供了整合多余立管的可能性，这将比SCR需要的基础发展更有竞争优势。如在Girassol油田的开发中，其自由站立式立管系统集成了多余的管线,以应对将来可能的油田扩张计划。此外,对于一些为了保证油田生产正常所必需的装置而言,如立管的检测系统、气举(gas lift)、加热保温系统、溶解剂注入管线等,在自由站立式立管系统上较易实现安装,但是对于采用了钢悬链式立管的油田,这些设备的安装将使油田的布局变得复杂。

(8) 费用

和钢悬链式立管相比,水深 1 000 m 以上自由站立式立管系统往往是比较昂贵的方案,SCR 系统一般可以降低 20% 的价格。在对已有的一些工程案例进行比较后发现,自由站立式立管的一半费用是用于采购,而 SCR 的主要费用是安装。随着海洋油田开发水深的不断增加,SCR 受到的压力和需要的顶端拉力也在不断增加,其费用也相应地随之增加,主要还是在安装上。顶部拉力的增加将对 TLP 或半潜平台的悬挂设备起到相反的作用。对于自由站立式立管,可以通过调整立管的数量来满足要求。例如,一个 16″ 的立管在 1 500 m 的水深将需要 600 t 的张力,这显然限制了安装条件并增加了安装费用。如果使用 2 根 12″ 的立管来代替一根 16″ 的立管,则顶部需要的张力降到 375 t,只要使用合适的船只就可以进行安装。当然,这将增加采购的费用,但是由于降低了潜在的安装费用,仍将总费用降低。对于 SCR,由于水深的增加需要更大的顶部拉力,由此带来了相关安装费用的增加而形成了该转折点。对于典型的 SCR,该转折点发生在 1 800 m 水深处。对于自由站立式立管,也有同样的转折,原因是因为复合泡沫塑料的设计需求随水深的增加而发生改变,转折点预计发生在 2 500 m 水深处。

5.4　涡激振动(VIV)

置于定常流场中的圆柱体,边界层的分离将导致其表面压力分布不均,进而产生如图 5.17 所示交替脱落的漩涡,称为"卡门涡街",该漩涡主要特点表现为稳定、非对称性、旋转方向相反并随主流向下游运动。

图 5.17　边界层与卡门涡街

在工程各界,对物体在空气、水等流体介质中涡激振动(Vortex – Induced Vibrations, VIV)现象的研究由来已久。涡激振动是在一定速度的来流中,由物体背后交替泻涡导致的脉动压力而引起的结构振动,可能发生在不同的结构上,如桥梁、电缆、工厂的烟囱、海洋管线等。

立管是深海油气开发系统中连接海面作业平台和海底钻采设施的关键设备,如钻井隔水套管、输液立管等,是系统中薄弱易损的构件之一。当海流经过立管结构时,在立管两侧会产生交替的涡旋脱落,从而在结构表面形成周期性的脉动作用力,很容易诱发涡激振动。

当涡脱落频率接近立管的自振频率,将会发生锁定(lock-in)现象,此时结构会产生大幅振动。涡激振动是导致立管发生疲劳破坏的重要因素,尤其对于深海油气开发工程。

当一个流体质点流到圆柱体前缘时,流体质点受到的压力就会升高,即从自由流动压力升高到停滞压力,靠近前缘的流体高压促使正在形成中的附面层在圆柱体的两侧逐渐发展。当雷诺数较高时,这一压力并不足以使边界层扩张到圆柱体背面,而是在圆柱体端面最大宽度附近,附面层脱离圆柱体表面,并形成两个下游延展的自由剪切层,两侧的剪切之间即为尾流区。由于由剪切的最内层比与来流直接接触的最外层流动得慢很多,于是流体便有发生旋转并分散成若干个旋涡的趋势,在圆柱体后面的旋涡系列称为"涡街"。这种旋涡流动和圆柱体的运动扣互作用,成为旋涡诱发振动的根源。

当旋涡交替地从柱两侧脱落时,就会在柱体上激发周期性的力,因此掌握流体力的特征对于研究涡激振动至关重要。当旋涡在圆柱体一侧的分离点处脱落时,便会在圆柱体表面产生环向流速,其方向与旋涡旋转的方向相反,这样该侧圆柱体表面的流速会减小,而另一侧由于环向流速的方向与旋涡旋转的方向相同,因此另一侧圆柱体表面流速会增加,于是在圆柱体表面上形成与来流方向垂直的压力差。一个涡旋对圆柱体的影响会随着它从圆柱体表面脱落并向下游移动逐渐减小至消失,而下一个涡旋又从对面一侧出现,并产生与前一个旋涡方向相反的压力差。因此每一对旋涡的脱落就产生了方向相反的升力并共同构成一个垂直于流向的交变的周期力。与此同时,涡旋周期性发放引起的圆柱体前后压差以及绕流流体的表面摩擦力形成了阻力,阻力也具有周期性,只是大小周期性地增减,方向不变。

旋涡泻出诱发的振动,实际上是一个非线性的流固耦合水弹性问题,圆柱体的振动影响了旋涡泻出的形态、强度等,而旋涡泻放又反过来影响圆柱体的振动。均匀来流下振动圆柱体的旋涡尾流流形主要有三种不同的模式,即2S,2P,P+S模式,泻涡频率会在一定条件下背离Strouhal频率,"锁定"在圆柱体的振动频率上。在2S模式中,每个周期泻放出两个独立的旋涡;在2P模式中,每个周期泻放出两对逆向旋转的旋涡;而在P+S模式中,每个周期在圆柱体的一侧泻放单个旋涡,在另一侧则泻放一个涡对。

影响圆柱体涡激振动响应的结构参数中,质量比是影响最为显著的因素之一。随着质量比的减小,流体与结构之间的相互作用变得更加强烈,使得圆柱在更大的折合流速范围内产生更大振幅的振动。此外,质量比对圆柱顺流向振动也有明显的影响。涡激振动的顺流向振幅一般远小于横流向振幅,所以不管是模型实验还是数值模拟中,绝大多数的涡激振动研究都会限制顺流向振动。但随着质量比的减小,顺流向振动对涡激振动的影响变得越来越明显,当质量比处在某个临界值以下时,圆柱体涡激振动响应会发生明显的变化。此外,雷诺数也是涡激振动的重要影响因素,雷诺数的大小影响着尾流的形态,也影响着涡激振动的振幅,而且雷诺数与临界质量比也有着密切的关系。

5.4.1 漩涡的形成与泄放

当流体接近于物体前缘时,因受阻滞而压力增加,这一增高的压力使围绕柱体表面的边界层沿两侧向下游方向发展。但当雷诺数较高时,这一压力并不足以使边界层扩展到柱体背后一面,而是在柱体断面宽度最大点附近产生分离点。分离点即沿柱体表面流体速度由正到负的转变点或零速度点,在分离点以后沿柱体表面将发生倒流。边界层在分离点脱离柱体表面,并形成向下游延展的自由剪切层。两侧的剪切层之间即为尾流区。在剪切层范围内,由于接近自由流区的外侧部分流速大于内侧部分,所以流体便有发生旋转并分散成若干个漩涡的趋势。在柱体后面的漩涡系列称为"涡街"。

漩涡是在柱体左右两侧交替地、周期地发生的。当在一侧的分离点处发生漩涡时,在柱体表面引起方向与漩涡旋转方向相反的环向流速 v_1(图5.18),因此发生漩涡一侧沿柱体表面流速 $v-v_1$ 小于原有流速 v,而对面一侧的表面流速 $v+v_1$ 则大于原有流速 v,从而形成与来流垂直方向作用在柱体表面的压力差,也就是升力 F_L。当一个漩涡向下游泄放即自柱体脱落并向下游移动时,它对柱体的影响及相应的升力 F_L 也随之减小,直到消失,而下一个漩涡又从对面一侧发生,并产生同前一个相反的升力,因此每一"对"漩

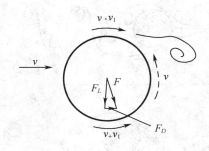

图5.18 流体对圆柱体的作用示意图

涡具有互相反向的升力,并共同构成一个垂直于流向的交变力的周期。当结构自振周期和这个升力的周期接近时,流体与结构之间的耦合效应就变得强烈。与此同时,漩涡的产生和泄放,还会对柱体产生顺流向的曳力 F_D。F_D 也是周期性的力,它并不改变方向,只是周期性的增减而已。其周期仅为升力 F_L 周期的一半,即每一个单一的漩涡的产生和泄放,便构成曳力 F_D 的一个周期。由于同升力 F_L 相比,曳力 F_D 在数量上很小(约比升力小一个数量级),所以它对结构的影响不如升力那么重要。流体经过一物体时,尾部的流态以及漩涡的产生和泄放,同 R_e 数有关,详见表5.5。

$$R_e = \frac{vD}{V} \tag{5-1}$$

式中 v——来流流速/(cm/s);
D——圆柱直径/cm;
V——流体的运动黏滞系数/(cm²/s)。

表5.5 漩涡脱落与 R_e 数的关系

	$R_e < 5$	无分离现象发生
	$(5\sim15) \leq R_e < 40$	柱后出现一对固定的小漩涡

表 5.5（续）

图示	R_e 范围	说明
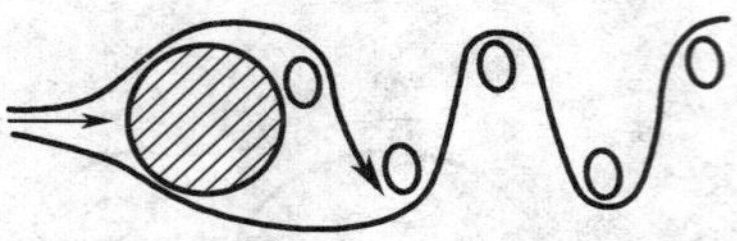	$40 \leq R_e < 150$	周期性交替泄放的层流漩涡
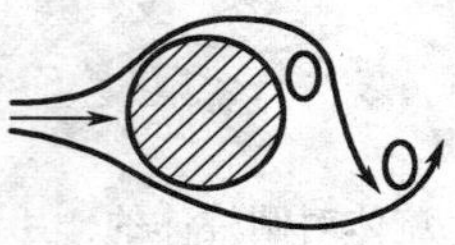	$300 \leq R_e < 3 \times 10^5$	周期性交替泄放的紊流漩涡
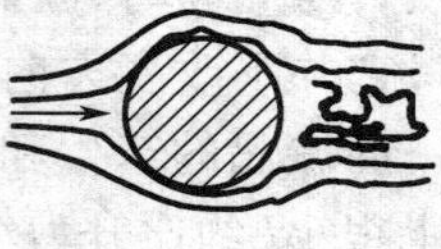	$3 \times 10^5 \leq R_e < 3.5 \times 10^6$	过渡段，分离点
	$3 \times 10^6 \leq R_e$	超临界阶段，重新恢复周期性的紊流漩涡泄放

注：(1) $150 \leq R_e < 300$ 为过渡段。
(2) $R_e \approx 3 \times 10^5$（依原流的紊动程度及柱面糙度而有所不同）时，开始形成紊流边界层，故此时的 R_e 数为临界值。

5.4.2 Strouhal 数和流-固耦合振动

Strouhal 数是升力频率的一种无因次表达，即

$$S = \frac{f_s D}{v} \qquad (5-2)$$

因此升力频率或漩涡"对"的泄放频率 f_s，也称为 Strouhal 频率。一般情况流速远小于流体介质中的声速，此时的 S 主要取决于剖面的形状和 R_e 数。图 5.19 为由实验得到的圆柱体的 S 和 R_e 关系曲线。可见在此临界阶段（$300 \leq R_e < 3 \times 10^5$），$S \approx 0.2$。在超临界阶段（$3 \times 10^6 \leq R_e$），$S$ 也将具有确定的数值。在过渡阶段（$3 \times 10^5 \leq R_e < 3.5 \times 10^6$），由于出现随机性的漩涡泄放，不能明确规定 S 的数值，这时只能定义宽带泄放频率的主频率为漩涡泄放的频率。

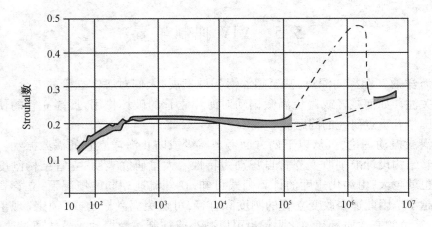

图 5.19　雷诺数 R_e 与 S 关系曲线

升力 F_L 和曳力 F_D 常用无因次的升力系数 C_L 和曳力系数 C_D 表达：

$$F_L = C_L \times \frac{1}{2}\rho v^2 D \tag{5-3}$$

$$F_D = C_D \times \frac{1}{2}\rho v^2 D \tag{5-4}$$

当柱体为刚性的，在漩涡泄放过程中，F_L 和 C_L 都以 Strouhal 频率 f_s 而周期性地改变大小和方向。曳力 F_D 可分为两部分，一为不随时间而变的平均曳力 F_{D_0} 及相应的曳力系数 C_{D_0}，另一部分则是以 $2f_s$ 频率变化的波动曳力 F_{D_1} 及其相应的系数 C_{D_1}。系数 C_L，C_{D_0} 和 C_{D_1} 都同 R_e 数及物体表面的粗糙度有关。

如果柱体是弹性的，在流的作用下产生位移和振动，则柱体的振动将会诱发漩涡的发生和泄放。尤其是当漩涡本身的泄放频率同结构的自振频率接近时，升力 F_L 和曳力 F_D 都将比柱体固定不动时急剧增加，常可以达到柱体固定时的 4~5 倍。这时柱体将发生剧烈的振动。这种流-固耦合振动的主要特征如下。

(1) 漩涡的强度明显增大，"涡街"的规律性很强。

(2) 升力和曳力都明显增大。

(3) 发生"频率锁定"现象。当漩涡泄放频率 f_s 接近结构的自振频率 f_n 时，结构的振动会驱使漩涡的泄放频率在一个较大的 S 范围内固定在结构的自振频率 f_n 附近，而不按其本身的泄放频率 f_s 泄放，好像被锁定在结构的自振频率上。

(4) 失谐现象。由于动力耦合过程的非线性的影响，最大稳态振幅并不发生在 f_s 与 f_n 相等处，而发生在频率锁定段的中部。

为进行上述漩涡泄放中的流-固耦合的理论分析，最理想的方法是通过对流场的分析，求出作用在柱体表面的流体力，并进而解析求得在漩涡引起的振动过程中包括耦合振动过程中结构的位移过程及相应的力函数，但目前这一问题尚未得到严格的数学解。

5.5　VIV 抑制装置

随着海洋油气勘探向深海,甚至超深海领域发展,人们对海洋立管的安全工作问题也变得极为关注。如何减轻或避免涡激振动对海洋立管的破坏作用,提高立管的使用寿命,也成了各国学者重点研究的问题。

根据涡激振动理论,可从以下两方面考虑减少或防止海洋立管的涡激振动:一是遵循一定的立管结构设计准则改变立管自身动力特性。大量研究表明,立管结构刚度越大,其自振频率也就越大;由约化速度的计算公式可知,在外流速相同的情况下,立管直径越大,约化速度越小。因此适当改变立管的刚度和直径,可避免涡激振动或"锁定"现象的发生。此外,增加管道的有效质量和约化阻尼也可以减小或抑制涡激振动。虽然通过改变立管的动力特性能在一定程度上减轻涡激振动的影响,但是由于海洋立管在正常应用中,其最优尺寸不可能因为海况的影响而做出较大的改变,且立管的性能一旦发生变化,也将对立管的正常使用产生影响,所以该方法在实际工程上较少采用。

目前常用的方法是在立管结构上使用涡激振动抑振装置,通过改变立管周围流场,尽量降低漩涡的强度,破坏尾涡的形成与发展来消除或减轻涡激振动。常见的 VIV 抑制装置分为主动控制和被动控制两种类型。

工程上常用的为第二种方法,即在立管的外部加装涡激振动抑制装置,采用不同形式的、设在结构表面以及尾流范围内的扰流装置,以改变分离点的位置,破坏漩涡形成所必需的长度、位置及其相互作用,从而防止漩涡的形成和泄放,抑制立管结构振动。图 5.20 所示为工程上所应用的典型立管涡激振动抑制装置。

1. 被动控制方法的划分

主动控制是近年来才发展起来的一类措施,通过对流场和结构受力的实时监测,利用计算机自动控制技术,将外部扰动引入流场从而控制旋涡脱落。如声激励系统、抽吸与喷吹、圆柱体的旋转振动等;被动控制则是通过直接修改结构的外部形状或是将其他装置附加到结构上以改变绕流流场,从而达到控制漩涡形成与脱落的目的。根据对漩涡脱落机制影响方式的不同,Zdravkovich(1981)将被动控制方法划分为三类:

(1) 表面突起,这将对分离线或者分离剪切层产生影响,如螺旋侧板、鳍状突起、线型突起、双头螺柱、球形突起等;

(2) 裹覆物,影响卷吸层,将流破碎成一些细小的漩涡,如穿孔、金属丝网轴向棒条和轴向板条等;

(3) 近尾流区稳定器,防止卷吸层的相互作用,如整流罩、分隔板、导流片等。

这些措施中,如螺旋列板、线条和全面裹覆是全向性措施,即它们对于各种来流方向都是有效的,而翼片、部分裹覆和近尾流稳定器是单向性措施,它们仅对某个来流方向有效。为了解决方向敏感性问题,人们将某些单向性措施安装在滚动轴承上,使其能够按照流场情况自动调整方向,从而成为全向性措施,比如导向翼和整流罩。

第5章 平台立管系统

图 5.20 典型立管涡激振动抑制装置

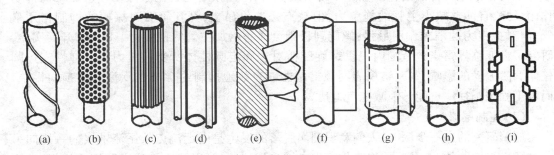

图 5.21 几种常见的涡激振动抑制装置

(a)螺旋条纹；(b)开孔管套；(c)轴向板条；(d)控制杆；(e)飘带；(f)分隔板；(g)导向翼；(h)整流罩；(i)短绕流板

2. 涡激振动抑制措施的研究进展

抑振装置的使用可以对立管的涡激振动进行有效控制，进而延长立管的使用寿命。随着人们对海洋立管涡激振动的深入了解，许多专家学者在抑振措施方面的研究也得到了很大发展，许多用于海洋工程方面的立管抑振装置也相继产生，部分成果也已在工程实际中得到了应用。下面从抑制机理角度分三部分简要回顾常见涡激振动抑制措施的研究进展。

(1)控制分离线和分离剪切层

当流体经过非流线型物体时，一般会出现下列现象：边界层在某个位置开始脱离物面，并在物面附近出现与主流方向相反的回流，这被称为边界层分离现象。边界层脱离位置称为分离点，从分离点开始分隔主流与回流的界限称为分离线。早期的学者认为涡脱落的原因主要是大范围的边界层分离，因此致力于改变分离线，控制边界层的分离。Naumann 等在圆柱体上以两种角度交替地安装短钢丝，以改变来流在圆柱表面的分离位置，并发现这种据齿波状线条能够抑制涡脱落。Tanner、Rodriguez、Petrusma 等通过引入分段后缘来研究钝后缘机翼的减阻问题，发现该措施能使拖曳力减少到 64%。Tombazis、Bearman 和 Owen 等研究了波纹形状表面对钝体流场分离线的扰动作用，以及对拖曳力和涡脱落特性（包括尾流的位错现象）的影响。发现在所有情况下波纹形状都能够减少拖曳力，当波纹形状的波陆大于某一临界值，则能够抑制涡脱落。Owen 等进一步提出了一种螺旋形排列的球状突起抑制措施，实验表明这种措施没有方向敏感性。刘晓春等提出了一种月牙肋形式的抑振装置，通过开展物理模型实验研究了该装置在不同布置形式下对柔性圆柱体涡激振动的抑制作用。

(2) 影响卷吸层

卷吸层存在于圆柱绕流形成的分离剪切层中，为除有旋流体之外的漩涡成长提供必要的无旋流体；汇流点标示圆柱体两侧的卷吸层相遇和互相作用的区域。漩涡是由流动收卷过程形成的，人们认为通过干涉卷吸层，可能会抑制涡脱落，因此提出了一些影响卷吸层的抑制措施，如开孔或网格管套、控制杆、轴向板条等。

开孔管套是一个相对较薄的开孔金属圆管，用支撑杆固定在主管上。通常，其外径约为 1.25D（D 为主管直径，下同），开孔区域约占表面积的 30% ~ 40%，沿管长的覆盖范围可以取 45% ~ 55%。Allen 等提出了一种新型多孔局部管套发明专利，仅在圆管局部裹覆，从而方便水下安装并且对涡激振动具有较好的抑制效果。轴向板条是开孔管套的改进形式，它的外径通常约为 1.3D，开敞部分约占 40%。Wong 等开展实验对比了开孔管套、螺旋列板和轴向板条三种抑制措施的性能。结果表明，轴向板条对主管涡激振动响应振幅的抑制作用最强，且能够减小主管的拖曳力，但缺点是造价昂贵；开孔管套对振幅的抑制作用最低，但对拖曳力的消减作用最强；螺旋列板则会显著增加主管的拖曳力。Huang 开展实验，研究了在亚临界雷诺数范围内三重螺旋四槽对于固定圆柱体所受拖曳力以及弹性支撑圆柱体涡激振动的影响，实验结果表明该措施能够有效地抑制约 64% 的涡激振动横向振幅，而对于固定圆柱体也能够消减拖曳力达 25%。

(3) 控制尾流

随着研究的进一步深入，人们意识到涡脱落的发生是由汇流点从尾流轴线的一侧向另一侧转换来控制的，于是开始将工作的重点转向尾流区域，以阻止汇流点转换为目标，发展了飘带、分隔板、导向翼、整流罩等近尾流稳定装置。

飘带的优点是造价很低、设计简单、制作容易、安装方便；缺点是具有方向敏感性，并且在实际使用中，可能会卷绕在立管上影响其抑制性能。在单向飘带的基础上，Kwon 等提出了三条 120°等分布置的多向飘带抑制措施，并通过实验研究了它对圆柱体涡脱落和拖曳特性的影响。流场可视化实验表明这种抑制措施能够有效地抑制尾流场中的涡脱落，并且它可以自动调整形状以适应来流方向，从而消除了方向敏感性。

分隔板是安装在圆柱体后方的一个薄平板，它可以阻断尾流区的汇流点转换，抑制涡脱落或将其推迟至较远的下游区域，以消减圆柱体上的涡激力。和飘带抑制措施类似，分隔板的设计非常简单，成本较低，但具有明显的方向依赖性。实验方面，Akilli 等在圆柱尾流区的不同位置放置分隔板，在 $Re = 5\,000$ 的剪切流场条件下，利用粒子图像测速技术 (PIV) 获得了速度矢量场、流线拓扑结构和涡量场等流动特性，研究了分隔板对圆柱体上流体力和涡脱落的抑制作用。数值研究方面，Huang 等通过二维数值模拟研究了层流条件下分隔板对圆柱体流体力和涡脱落模式的影响。谭波等开展二维数值模拟分析了亚临界雷诺数下分隔板对圆柱绕流场的流动模式、尾流结构和涡脱落形态，以及圆柱所承受流体升阻力的影响。张力等采用有限体积法开展二维数值模拟研究了中等雷诺数下偏离尾迹中心线的分隔板对圆柱体升阻力和涡脱落频率的影响。

  导向翼与整流罩的结构相似，但其尾部是非流线型。它通过调整流线，阻止汇流点转换，将涡脱落拖迟到圆柱体下游较远区域，以减小圆柱体上的涡激力，有研究表明它能够在一定的雷诺数范围内完全抑制涡激振动响应。

  短扰流板是一组沿柱面圆周交错排列的矩形翅片，它是一种全向性措施。位于来流场和分离点附近的扰流板能够扰动分离剪切层，而尾流场中的扰流板能够阻止汇流点转换，扰流板交错排列的目的是干扰涡脱落的展向相关性。Stansby 等的研究工作表明短扰流板能够破坏旋涡的生成和脱落，减少约 70% 的涡激谐振响应，从而有效地抑制结构振动。除此之外，还有一些尾流稳定装置，如底排和狭缝，也被证明能够消减旋涡脱落，起到抑制涡激振动的作用。

第 6 章 平台系泊定位系统

锚链和锚索经常用于系泊浮式平台,锚泊线通常是围绕着船体对称布置。每一条链都形成悬链线形状,依靠上升或下降的系泊线张力形成回复力,由系泊线产生非线性回复力的传递提供了保持位置不动的功能。回复力随着船体水平位移的增加而增加,同时平衡了船体准静态的环境载荷。虽然低频慢漂力激励能够使得浮式结构水平运动动态扩大,并导致系泊线张力出现高峰值,但系泊线提供的等效回复强度较小,不至于影响到船体波频运动。系泊线纵向横向运动会影响船体响应。

系泊系统设计需要平衡两个方面,一个是使得系统能够避免过度受力,另一个是使得系统具有足够的强度来避免一些损伤,例如由过度位移引起的钻井或生产立管的损伤。水深较浅时进行系泊系统设计较容易,然而当水深较大时就变得困难了。过去,大多数的浮式生产系统的系泊线是被动系统,然而现在,系泊线被用来保证在动态过程中船体的位置,这有助于减小系泊线的受力及船体准静态的位移。

6.1 系泊设计分析方法及规范

6.1.1 设计前期考虑因素

1. 设计前期考虑的因素

对于系泊系统的分析与设计,前期需要综合考察各种可能遇到的情况,以便后期进行合理准确的分析。主要需要考虑以下因素。

(1)基本考虑

系泊系统的设计标准、设计载荷、设计寿命、运行与维修要求等。

(2)立管

立管是海底与生产钻井平台之间液体传输的管道,因此其存在是对系泊系统的主要限制因素之一,通常会限制平台的位移范围。另外重要的是,系泊线与立管之间是相互影响的,波浪力和流力作用在立管上,会加大平台的运动,则相当于增加了系泊系统的环境载荷,但同时立管系统具有一定的刚度,又会对系泊系统有一定的辅助作用。另外,立管系统的阻尼也会降低平台的低频运动,降低系泊系统所受载荷。立管对系泊系统总的影响也不能一概而论,要受到很多因素的影响,如立管的类型和数量、水深等。因此系泊系统分析时,将立管的载荷、刚度、惯性等都予以考虑,评估结果将会更加准确,否则会导致系泊系统设计的结果趋于保守。

(3)海底设施

系泊系统的布局必须考虑海底设施的布局情况,如海底终端系统,立管基础,海底管线等的分布情况。对系泊系统的安装、运行和维修阶段,系泊线都不能与海底设施有任何接触,否则相互间会产生很大的破坏。如果系泊线与海底设施之间有交叉的部分或者存在交叉的危险,一定要提前采取措施,改变系泊系统的布局和设计,比如采用不对称的系泊线布局,或者通过添加浮筒或重块等来控制系泊线与海底设施之间的距离。

2. 常见的系泊系统失效方式

除了以上基本因素之外,设计者还必须了解系泊系统可能潜在的失效危险,在设计过程中尽量避免危险的发生。

(1)紧急系泊解脱装置失效,提前或滞后解脱,容易产生危险,因此必须保证计划周全,操作正确。

(2)支撑锚系统、导缆器和绞盘的结构失效。产生的原因主要是设计和建造不合格,系统在长期工作中受到载荷、振动、疲劳、腐蚀而产生破坏,因此设计时应制定好定期检测与维修的计划,以及正确的防动、防腐蚀措施。

(3)制作工艺存在缺陷导致钢缆、链条、系泊线连接部件等失效,因此必须严格进行质量控制、检测与认证,达到业界认可的相关工业标准才能进行安装。

(4)系泊系统的机械、电力及液压系统失效,导致控制、传感器、载荷预报等不能正常工作。机械故障通常是指绞盘制动设备、离合器、转杆、传动装置、齿条、卷扬机、张紧设备等发生故障。电力设备失效是指位置控制与监测设备、应力与电力系统等发生故障。液压系统失效是指管道、密封圈、接缝、抽水泵、制动阀门、润滑系统、油液污染、泄露和溢出和紧急释放阀等发生故障。

(5)系泊系统过载、疲劳、锚的承载力不足等产生的失效。过载是指系泊线应力超过了设计极限载荷或锚的承载力,产生的原因可能有以下几个方面:不恰当的推进力、异常环境条件、锚插入土壤不合理、系泊线应力过度、设备失效以及安装与回收操作不合理。锚的承载力不足是因为土壤地基过载,锚的安装或设计不合理(如锚爪角),设备失效(如锚杆),恶劣海况时系泊线的长度不足等。

(6)使用过程中,系泊线的组成部件由于腐蚀、疲劳、磨损、安装与收回等而产生损伤。腐蚀是系泊线破坏的主要原因之一,特别是在一些焊接点处更容易受到腐蚀。腐蚀存在时,即使是高强度的材料也会很容易被氢化而变脆。系泊线的疲劳、磨损通常发生在绞盘、导缆器及接触点处,可通过变换接触面来避免长期磨损。对系泊线的安装与回收时,由于操作不小心而使系泊线产生破坏是很常见的,如绞盘缠绕钢缆时产生过大的系泊力,螺旋股式钢缆在海底受到拖拉时会产生扭矩,一旦系泊力变小,钢缆即会打卷,另外,对系泊线进行回收时不正确的操作锚环也会导致系泊线和连接部件产生破坏。因此必须仔细检测,保证整个系泊线的完整性。

(7)不恰当的运行、维修和操作步骤可能使系泊系统产生破坏,而且在使用过程中,系泊线随着时间的推移也可能会逐渐产生损伤,因此必须建立可靠的检测与维修标准,以保证整个系泊系统的安全作业。

(8)悬链线式系泊系统的钢缆、链条内部在收放时可能会储存一定的扭矩能量,对后期的工作产生很大的安全隐患。

(9)使用过程中,作用在系泊线或锚上的载荷超过了其设计最大载荷,存在安全隐患。

6.1.2 计算分析方法及环境力

对于系泊线的受力分析,可采用拟静态和动态分析两种方法。对于系泊系统与浮式结构之间的耦合关系的处理,可采用非耦合、半耦合和全耦合分析的方法。

1. 环境力的种类

通常所说的环境力主要是指风力、波浪力、流力,根据频率范围不同,常将环境力分为三种。

(1)定常力,力的大小、方向不随时间变化,使浮式结构沿某一方向产生平均位移。

(2)低频力,使浮式结构产生低频运动,浮式结构在纵荡、横荡和首摇方向的低频运动周期接近于结构自身的固有周期,一般在 1~10 min 之间。

(3)波频力,使浮式结构产生波频运动,其周期一般在 5~30 s 之间。浮式结构的波频运动受到系泊系统刚度的直接影响。

2. 低频运动中阻尼组成的原因

环境力及其引起的浮式结构运动的确定可通过模型试验或者数值计算得到。这里需要指出的是,对于低频运动特别是低频运动阻尼的准确计算一直是个难点,低频运动阻尼通常由以下原因组成:

(1)浮式结构的黏性阻尼,包括风、浪、流的拖曳力;

(2)浮式结构的波浪慢漂阻尼;

(3)系泊系统阻尼;

(4)立管系统阻尼。

对黏性阻尼的评估目前已经积累了一定的经验,计算分析的低频运动阻尼中也将其予以考虑。但是波浪慢漂阻尼,系泊系统阻尼和立管系统阻尼则更加复杂,很难准确评估,通常予以忽略。但是研究发现,这些阻尼很重要,甚至比黏性阻尼还大,如果忽略,可能导致对低频运动的高估。对于大的船型结构,低频运动是一个重要的设计因素,应对其低频阻尼进行准确评估。可见,对于低频运动阻尼的准确评估,还有待于深入研究。

如果应用耦合方法求解平台和系泊系统动力响应,以上阻尼参数在求解动力方程中均被考虑,所以不需要单独确定阻尼系数。

6.1.3 系泊分析条件

对系泊系统进行设计分析时,需要考虑多种可能发生的条件,以全面了解系统适应各种外界环境条件的能力,通常需要考虑以下分析条件。

(1)完整条件

对系统进行分析,保证在任何外界条件下所有系泊线在整个作业时间内是完整无损的。

(2)有损坏的条件

有一根或几根系泊线已经破坏,系统达到一个新的平衡位置,分析此时其他系泊线的受力和浮式结构的响应情况,判断系统是否能够继续安全作业。

(3) 瞬态条件

有一根或几根系泊线破坏，或者定位系统失效了，整个系统产生瞬态运动的过程。对整个瞬态过程进行分析，得到浮式结构的总体响应情况，判断整个系统的安全性。瞬态分析主要用于可移动式系泊系统，以检查瞬态过程中浮式结构的位移情况以及是否满足安全要求。如对于浮式结构周围有其他浮式结构和设施，或者对于钻井平台，瞬态运动可能会对钻井立管造成损伤，超过立管的运动极限，对这些瞬态过程进行分析就是十分必要的。

当然，对于不同类型的系泊系统，采用的分析方法和分析条件也会有所不同，见表6.1。

表6.1 推荐的分析方法和分析条件

系泊系统类型	系泊分析方法	系泊分析条件
永久式系泊系统		
强度分析	动态分析	完整条件/有损坏的条件
疲劳分析	动态分析	完整条件
可移动式系泊系统		
强度分析	拟静态分析或动态分析	完整条件/有损坏的条件/瞬态条件
疲劳分析	不需要	不需要

6.1.4 设计准则

系泊系统设计与分析后，需要将计算分析的结果与实际要求进行比较，验证设计方案的可行性，因此 API RP 2SK 规范提出了以下基本设计准则。

(1) 浮式结构运动位移的限制

一般由业主根据实际情况确定浮式结构各自由度位移的极限值，或者由周围已有设施的限制来确定。如浮式结构周围有其他工作船、生活船、舷梯、立管等的具体要求来确定其位移的极限值。

(2) 系泊线受力的限制

首先确定系泊线的安全系数，即系泊线本身的极限载荷与系泊线在外载荷作用下受力最大值的比值，并将计算所得安全系数与规范要求的安全系数进行比较，如果前者大于后者，则系泊线是安全的，系泊系统的设计是合理的，反之则不安全，需要重新对系泊系统进行设计。规范对不同分析条件、不同分析方法的系泊线受力的极限和安全系数进行了确定，见表6.2，可以此作为系泊系统分析的一个基本标准。当然，如果业主根据实际情况对系泊线受力的最大值有更高或者其他要求，需要根据实际要求进行比较分析，确定最终的系泊方案。

表6.2 系泊力极限及安全系数

分析条件	分析方法	应力极限(破坏强度)/%	安全系数
完整条件	拟静态	50	2.00

表 6.2(续)

分析条件	分析方法	应力极限(破坏强度)/%	安全系数
完整条件	动态	60	1.67
有破坏条件	拟静态	70	1.43
有破坏条件	动态	80	1.25

(3) 系泊线长度的限制

系泊线的长度由系泊线的布局方式、海底锚和土壤类型等决定,对于拖曳式锚系统,系泊线的长度要足够长,而且在作业时间内不会对锚产生垂向力。对于沙质和坚硬土质的海底,锚的入土深度较小,不能对锚产生垂向力尤其重要。对于其他能够承受垂向载荷的锚系统,系泊线的长度可以短很多。

(4) 锚的极限承载力

锚的极限承载力是指锚在某一土质条件下受到长期的拖曳所能承受的最大拉力。同样,定义锚的安全系数为锚的极限承载力与作用于锚的最大载荷的比值。将此安全系数与规范要求的锚的安全系数进行比较,如果前者大于后者,则锚是安全的,锚的设计与选型是合理的,反之则不安全,需要重新对锚进行设计。对于不同类型的锚,其安全系数是不同的,规范对不同分析条件、不同分析方法时,拖曳式锚、吸力锚、桩锚、法向承力锚、重力锚等的安全系数分别进行了确定,见表 6.3 和表 6.4,可以此作为锚的选择是否合理的一个基本标准。当然,如果业主根据实际情况对锚的受力极限有更高或者其他要求,需要根据实际要求进行比较分析,确定最终的锚方案。

表 6.3 拖曳式锚的安全系数

系泊系统类型	拟静态分析	动态分析
永久式系泊系统		
完整条件		1.5
有损坏的条件		1.0
可移动式系泊系统		
完整条件	1.0	0.8
有损坏的条件	不需要	不需要

表 6.4 吸力锚、桩锚、法向承力锚、重力锚的安全系数(动态分析)

分析条件	吸力锚、桩锚和重力式锚				法向承力锚	
	永久式		可移动式		永久式	可移动式
	侧向	轴向	侧向	轴向		
完整条件	1.6	2.0	1.2	1.5	2.0	1.5
有损坏的条件	1.2	1.5	1.0	1.2	1.5	1.2

(5) 系泊测试载荷

系泊线及锚系统安装完毕,需要对系泊系统施加测试载荷,以确定锚系统有足够的承载能力,消除与海底相接触的部分系泊线可能存在的松弛部分,检查系泊线组成部分在安装过程中可能产生的破坏,确保悬链线式系泊线的形状,保证系泊系统在各种风暴条件下能够安全作业。

对于采用拖曳式锚的永久式系泊系统,当海底土质为软黏土时,工业界的经验是对系泊线的测试载荷应该至少为系泊线所能承受最大载荷的80%,系泊线的最大载荷是指系泊系统在最大风暴条件下保证系泊线完整条件下采用动态分析方法计算所得的最大系泊力。通过这种测试方法,可以使拖曳式锚插入土壤的更深、更牢固。当海底土质比较坚硬或是砂质土壤时,锚插入土壤不会太深,不会超过锚爪的长度,因此测试载荷应该更大一些。对于采用桩锚、吸力锚等的永久式系泊系统,测试载荷的确定需要根据具体情况进行确定,主要是保证海底部分不存在松弛的系泊线,系泊线组成部分没有破坏发生等。

对于可移动式系泊系统,测试载荷的大小由锚的类型、土壤条件、绞盘的牵引能力、锚的收回等综合因素来确定。但是要满足以下最低要求:作用在锚柄上的测试载荷不能小于3倍的锚自身质量;作用在绞盘上的测试载荷不能小于系泊系统在最大风暴条件下的平均系泊力;不管对于永久式还是可移动式系泊系统,测试载荷的持续时间应该不小于15 min。

6.2 系泊系统静力分析

对浮式结构系泊系统的力学分析主要有静力分析和动力分析两种方法。静力分析研究在稳态条件下系泊线的受力情况和系统的平衡状态,预估系泊线的几何形状及应力分布。动力分析则研究在不定常外界环境载荷作用下系泊线的动力响应,以判断设计的系统是否稳定,系泊线的应力是否在许用应力范围之内,系泊系统是否能满足特定的系泊要求等。对系泊线的静力分析方便、快捷,多在设计初期采用。本章将主要对系泊线的静力分析方法进行深入探讨。

悬链线式系泊线是指具有均质、完全柔性而无延伸的链条或钢缆自由悬挂于两点上时所形成的曲线,一般浮式结构的系泊线,由于本身有拉伸和受到海流力的作用,与理论上的悬链线不能完全吻合,但为了计算分析方便,尤其是对系泊系统进行初步设计与评估时,仍常用悬链线来描述系泊线的特性,而忽略海流力和系泊线弹性伸长的影响。

图6.1为无弹性悬链线式系泊线及其受力的二维示意图,并选择其中的悬垂段 ab 段进行研究,其中,$T_a, \theta_a, T_b, \theta_b$ 为 ab 段两端的张力及其倾角,T_0 为 T_a 和 T_b 的水平分量,l 为 ab 段的长度,x, y 分别为 ab 段在 X 向和 Y 向的长度。

要对 ab 段系泊线进行分析,需要采用微元法,首先任意选择系泊线上一小段单元,如图6.2,对其进行受力特性分析。其中,w 是系泊线的单位长度质量,dl 为单元的长度,T 为单元下端张力,dT 为张力在 dl 上的增量,θ 为 T 的方向与 X 方向的夹角,$d\theta$ 为 θ 在 dl 上的增量。对该单元沿 X 向与 Y 向建立平衡方程,可得到:

$$(T + dT)\cos(\theta + d\theta) - T\cos\theta = 0 \tag{6-1}$$

$$(T + dT)\sin(\theta + d\theta) - T\sin\theta - \omega dl = 0 \tag{6-2}$$

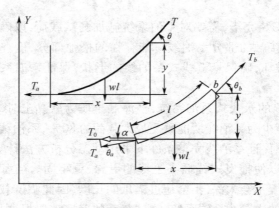

图 6.1　无弹性悬链线式系泊线静力图

将式(6-1)与式(6-2)展开,并忽略极小量和二阶微量,令 $\cos d\theta \approx 1, \sin d\theta \approx d\theta, dTd\theta \approx 0$,则简化得到:

$$T\sin\theta d\theta - \cos\theta dT \approx 0 \qquad (6-3)$$

$$T\cos\theta d\theta + \sin\theta dT - \omega dl = 0 \qquad (6-4)$$

由式(6-3)与式(6-4)可得

$$Td\theta = \omega\cos\theta dl \qquad (6-5)$$

$$dT = \omega\sin\theta dl \qquad (6-6)$$

根据几何关系,可近似认为

$$dx = dl\cos\theta \qquad (6-7)$$

$$dy = dl\sin\theta \qquad (6-8)$$

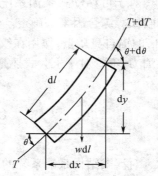

图 6.2　无弹性悬链线式系泊线单元静力图

根据式(6-5)至式(6-8),对图 6.1 中的 ab 段系泊线从 a 点到 b 点进行积分,并注意到

$$T_0 = T_a\cos\theta_a = T_b\cos\theta_b \qquad (6-9)$$

由式(6-6)与式(6-8)可得

$$dT = \omega dy$$

积分可得

$$T_b = T_a + \omega y \qquad (6-10)$$

由于 $T = T_0/\cos\theta$,根据式(6-5)与式(6-8)可得

$$dy = (T_0/\omega)(\sin\theta/\cos^2\theta)d\theta$$

(T_0/ω) 在积分范围内为常量,则积分后可得

$$y = (T_0/\omega)(1/\cos\theta_b - 1/\cos\theta_a) = (T_0/\omega)(\sqrt{\tan^2\theta_b + 1} - \sqrt{\tan^2\theta_a + 1}) \qquad (6-11)$$

又由式(6-5)与式(6-7)得

$$dx = (T_0/\omega)(1/\cos\theta)d\theta$$

则积分后可得

$$\begin{aligned}x &= (T_0/\omega)[\ln(\tan\theta_b + \sqrt{\tan^2\theta_b + 1}) - \ln(\tan\theta_a + \sqrt{\tan^2\theta_a + 1})] \\ &= (T_0/\omega)[\sinh^{-1}(\tan\theta_b) - \sinh^{-1}(\tan\theta_a)]\end{aligned} \qquad (6-12)$$

最后由式(6-5)得

则积分后可得

$$dl = (T_0/\omega)(1/\cos^2\theta)d\theta$$

$$l = (T_0/\omega)(\tan\theta_b - \tan\theta_a) \qquad (6-13)$$

式(6-9)至式(6-13)反映了无弹性悬链线式系泊线各有关参数之间的基本关系,当然各式之间也不是完全独立的,需要根据具体情况和已知条件的不同,进行联合求解或转换成其他公式进行求解。

6.3 系泊系统动力分析

当浮式结构受到风、浪、流的作用时,系泊系统的动力响应比静力响应严重得多,因此对系泊系统动力特性的研究十分重要。同静力分析一样,动力分析也是从单根系泊线的分析入手。目前,研究系泊线动力特性的方法主要有两种:集中质量法和细长杆理论。时域计算是系泊线动力分析的重要方法之一,通过建立数学模型,在时域内求解系泊线的非线性动力方程组,主要包括有限元法和有限差分法。时域计算中建立的方程复杂,计算精度要求高,计算量较大。为高效计算系泊线的动力,以往很多学者采用频域计算方法进行研究,采用摄动方法将系泊线的非线性动力方程展开,得到不同阶的摄动方程。频域方法计算快、结果含义明确,便于机理分析,广泛用于系泊线的载荷预报和系泊系统的初步优化设计。

集中质量法是将系泊线用多自由度的弹簧-质量系统来代替,采用有限差分法求解系泊线动力问题,该方法使问题的处理得到简化,在工程上比较适用,可以保证工程上足够满意的精确度。细长杆理论将系泊线视为连续的弹性介质,采用有限元法求解系泊线的静力平衡和动力响应问题,该方法在理论上更为严密。

6.3.1 细长杆理论

细长杆理论的主要优势在于求解非线性的控制方程可以在整体坐标系中进行,不需要进行转换。

在细长杆理论中,细长杆的形态是由其中心线位置表述的。杆的中心线则由空间曲线$r(s,t)$表示,如图6.3所示,其中s为弧长,t为时间。曲线上任意点的单位切向量为r',单位主法向量为r'',单位副法向量为$r' \times r''$。

模型单位弧长分段的力和弯矩的平衡方程可以写为以下形式:

$$q + F' = \rho \ddot{r} \qquad (6-14)$$

$$M' + r' \times F + m = 0 \qquad (6-15)$$

式中 q——单位长度上的外力;
　　　F——轴线上合力;
　　　M——轴线上合弯矩;
　　　ρ——单位长度质量;
　　　m——单位长度上施加的弯矩,向量r上方的点"··"表示对时间求导,"'"表示对弧长s求导。

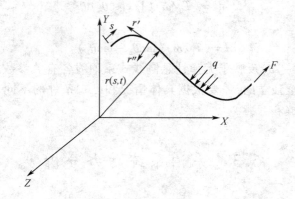

图6.3 细长杆模型坐标系

对于等主刚度柔性杆,弯曲刚度沿副法线方向并且与曲率成正比,写为

$$M = r' \times EIr'' + Hr' \tag{6-16}$$

式中 H——扭矩;
　　　EI——缆的弯曲刚度。

将式(6-16)代入式(6-15),并忽略扭矩及弯矩,得到

$$r' \times [(EIr'')' + F] = 0 \tag{6-17}$$

对式(6-17)乘以 r' 得到

$$(r' \times [(EIr'')' + F]) \times r' = 0 \tag{6-18}$$

$$[(EIr'')' + F] - (r' \cdot [(EIr'')' + F]) \cdot r' = 0$$

由于缆索可伸长,设伸长条件为

$$(r' \cdot r') = (1 + \varepsilon)^2 \tag{6-19}$$

式(6-18)写为

$$[(EIr'')' + F] - \lambda r' = 0 \tag{6-20}$$

其中

$$\lambda = r'[(EIr'')' + F]$$
$$\lambda = T - EI\kappa^2 \tag{6-21}$$

式中 κ——缆索曲率;
　　　T——缆索张力。

由式(6-20)得到

$$F = -(EIr'')' + \lambda r' \tag{6-22}$$

将式(6-22)代入式(6-14)得到:

$$-(EIr'')'' + (\lambda r')' + q = \rho \ddot{r} \tag{6-23}$$

对于大多数海洋结构物而言,杆件(如系泊缆、立管及张力腿)上的外载荷是由周围流体的静水压力、水动力以及自重引起的,因此式(6-14)中的 q 可以写为

$$q = w + F^s + F^d \tag{6-24}$$

式中 w——空气中缆单位长度的质量;
　　　F^s——单位长度静水压力;
　　　F^d——单位长度水动力,由莫里森方程求得。

最终得到在自重、静水压力和水动力联合作用下缆索的方程有限元形式,写为

$$-\rho \ddot{r}_i - C_A \rho_w \ddot{r}_i^n - (EIr_i'')'' + (\tilde{\lambda} r_i')' + \overline{w}_i + \overline{F}_i^d = 0 \quad (6-25)$$

$$\frac{1}{2}(r_i' r_i' - 1) - \frac{\lambda}{AE} = 0 \quad (6-26)$$

式中,$\tilde{\lambda} \approx T + P$;$\overline{w} = w + B$,$\overline{w}$ 为水中缆单位长度的质量。

将缆索划分为长度为 L 的单元,每个单元的控制方程写为以下形式:

$$\int_0^L \delta r_i \{ -\rho \ddot{r}_i - \rho_w C_A \ddot{r}_i^n - (EIr_i'')'' + (\tilde{\lambda} r_i')' + \overline{w}_i + \overline{F}_i^d \} \mathrm{d}s = 0 \quad (6-27)$$

$$\int_0^L \left\{ \frac{1}{2}(r_i' r_i' - 1) - \frac{\tilde{\lambda}}{AE} \right\} \delta \tilde{\lambda} \mathrm{d}s = 0 \quad (6-28)$$

引入插值函数,将变量 $r_i(s,t)$ 和 $\lambda_m(s,t)$ 表示为

$$r_i(s,t) = \sum_{k=1}^4 A_K(s) U_{ik}(t) \quad (6-29)$$

$$\overline{\lambda}(s,t) = \sum_{m=1}^3 P_m(s) \overline{\lambda}_m(t) \quad (6-30)$$

式中　A_k 和 P_m——插值函数;
　　　λ_m 及 U_{ik}——结点变量。

将式(6-29)和式(6-30)代入式(6-25)和式(6-26),得到:

$$\int_0^L \{\rho A_l A_k + \rho_w C_A A_l A_k - \rho_w C_A A_l A_k A_s' A' U_{js} U_{it}\} \mathrm{d}s \ddot{U}_{jk} +$$

$$\int_0^L \{EI A_l'' A_k''\} \mathrm{d}s U_{jk} + \int_0^L \{P_n A_l' A_k' U_{jk}\} \mathrm{d}s \overline{\lambda}_n$$

$$= \int_0^L \{A_l(\overline{w}_i + \overline{F}_i^d)\} \mathrm{d}s + (EIr_i'') \delta \left(\frac{\mathrm{d}r}{\mathrm{d}s} \right) \Big|_0^L + [\lambda r' - (Br_i'')'] \delta r \Big|_0^L \quad (6-31)$$

$$\int_0^L \frac{1}{2} P_m r_i' A_k' \mathrm{d}s U_{jk} + \int_0^L -\frac{1}{AE} P_m P_n \mathrm{d}s \overline{\lambda}_n$$

$$= \int_0^L \frac{1}{2} P_m \mathrm{d}s \quad (6-32)$$

将式(6-31)和式(6-32)分别写成一般二阶微分方程和代数方程形式:

$$(M_{ijlk} + M_{ijlk}^a) \ddot{U}_{jk} + K_{ijlk}^{11} U_{jk} + K_{iln}^{12} \overline{\lambda}_n = F_{il} + F_{il}^T \quad (6-33)$$

$$K_{mjk}^{21} U_{jk} + K_{mn}^{22} \overline{\lambda}_n = F_m^l \quad (6-34)$$

由式(6-33)可以看出,M_{ijlk} 为一般质量项;M_{ijlk}^a 为附加质量项;K_{ijlk}^{11} 为由弯曲刚度 EI 产生的刚度;K_{iln}^{12} 为由缆索曲率及拉伸产生的刚度。对于二维问题,$i,j=1,2$;而三维问题 $i,j=1,2,3$;并且下标 $l,k,s,t=1,2,3,4$。

或将式(6-33)和式(6-34)合并,写成矩阵形式

$$[M]\{\ddot{\Delta}\} + [K]\{\Delta\} = \{F\} \quad (6-35)$$

为了编写单元程序,使有限元软件计算结果更加稳定,减小计算规模,提高计算效率,可以假设系缆单元内部张力一致,因此将式(6-34)变换为

$$\overline{\lambda}_n = K_{mn}^{22\,-1} F_m^l - K_{mn}^{22\,-1} F_{mjk}^{21} U_{jk} \quad (6-36)$$

将 $\bar{\lambda}_n$ 代入式(6-33),整理得

$$(M_{ijlk} + M^a_{ijlk})\ddot{U}_{jk} + K^{11}_{ijlk}U_{jk} + K^{12}_{iln}(K^{22-1}_{mn} \cdot F^1_m - K^{22-1}_{mn}K^{21}_{mjk}U_{jk}) = F_{il} + F^T_{il} \quad (6-37)$$

$$(M_{ijlk} + M^a_{ijlk})\ddot{U}_{jk} + (K^{11}_{ijlk} - K^{12}_{iln} \cdot K^{22-1}_{mn} \cdot K^{21}_{mjk})U_{jk} = F_{il} + F^T_{il} - K^{12}_{iln} \cdot K^{22-1}_{mn} \cdot F^l_m \quad (6-38)$$

式(6-35)为缆单元的动力微分方程。根据该方程,可以最终得到 12×12 刚度矩阵及质量矩阵,求解此方程,得到缆索单元结点动位移,再计算缆伸长量,由缆的截面几何特性计算张力。

6.3.2 集中质量法

假设系缆由许多集中质量点和无质量的弹簧组成。集中质量所在点被称为节点。将系缆看作分为 n 段的结构,第 1 段的下端与锚连接,第 n 段的上端与浮体连接。系缆模型如图 6.4 所示。考虑系缆重力、浮力及流体拖曳力等外力作用,并且假设这些作用力都集中在这 $n+1$ 个节点上,每段系缆的质量都均分到两端的节点上。

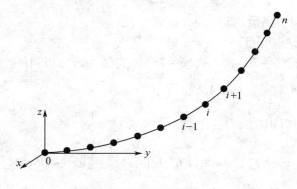

图 6.4 系缆模型

三维集中质量模型主要有以下特点:
(1)可以计算系缆的三维运动;
(2)可用于大位移的情况,而不仅仅局限于系缆在平衡位置附近的微小运动的计算,因为在建模过程中没有采用任何建立在小位移运动前提下的线性化措施;
(3)载荷包括系泊缆的自重、浮力、流体拖曳力和惯性力;
(4)可以计算非均匀系缆的动力响应,包括任何具有子系统的情况,如在缆上某点处附有悬挂物或浮体;
(5)考虑了系缆在交替的张紧-松弛状态下的轴向双线性刚度。

考虑系缆的重力、浮力、流体拖曳力、系缆的弹性伸长、附连水质量以及系缆惯性力等因素,通过牛顿第二定律建立系缆各个节点的运动微分方程。假设系缆的重力和浮力都作用在集中质量点上,并将每个系缆分段上的拖曳力等分到其左右的两个节点上,可以得到等效作用于节点上的拖曳力。

设 a_x, a_y 和 a_z 分别为附连水质量的加速度在 x, y 和 z 方向上的向量，则与系缆分段轴线正交的加速度向量为

$$W_n = e \times [(a_x i + a_y j + a_z k) \times e] \tag{6-39}$$

式中，e 为沿缆轴线方向的单位向量，其表达式为

$$e = e_x i + e_y j + e_z k \tag{6-40}$$

于是，可以得到

$$W_n = [e_y(a_x e_y - a_y e_x) - e_z(a_z e_x - a_x e_z)]i - [e_x(a_x e_y - a_y e_x) - e_z(a_y e_z - a_z e_y)]j - [e_x(a_z e_x - a_x e_z) - e_y(a_y e_z - a_z e_y)]k \tag{6-41}$$

$$\begin{bmatrix} a_{nx} \\ a_{ny} \\ a_{nz} \end{bmatrix} = \begin{bmatrix} e_y^2 + e_z^2 & -e_x e_y & -e_x e_z \\ -e_x e_y & e_x^2 + e_z^2 & -e_z e_y \\ -e_x e_z & -e_z e_y & e_y^2 + e_x^2 \end{bmatrix} \begin{bmatrix} a_x \\ a_y \\ a_z \end{bmatrix} \tag{6-42}$$

系缆第 i 节点的运动方程为

$$\begin{bmatrix} m_i & 0 & 0 \\ 0 & m_i & 0 \\ 0 & 0 & m_i \end{bmatrix} \begin{bmatrix} \ddot{x}_i \\ \ddot{y}_i \\ \ddot{z}_i \end{bmatrix} + \frac{1}{2} e_i \begin{bmatrix} a_{nx} \\ a_{ny} \\ a_{nz} \end{bmatrix}_i + \frac{1}{2} e_{i-1} \begin{bmatrix} a_{nx} \\ a_{ny} \\ a_{nz} \end{bmatrix}_{i-1} = \begin{bmatrix} F_{xi} \\ F_{yi} \\ F_{zi} \end{bmatrix} \tag{6-43}$$

式中 m_i 为第 i 个节点的集中质量。

因为仅当系缆分段具有横向（垂直于系缆分段轴向）的加速度时，才会产生附连水质量，所以在节点运动方程式(6-43)中，附连水质量这一项中所乘的加速度矩阵应为系缆分段本身的加速度向量在垂直于系缆分段轴线上的分量，即

$$W_n = [a_{nx}, a_{ny}, a_{nz}]^T \tag{6-44}$$

因此缆索第 i 个节点的运动方程可以写为

$$\begin{bmatrix} m_i & 0 & 0 \\ 0 & m_i & 0 \\ 0 & 0 & m_i \end{bmatrix} \begin{bmatrix} \ddot{x}_i \\ \ddot{y}_i \\ \ddot{z}_i \end{bmatrix} + \frac{1}{2} e_i \cdot \begin{bmatrix} e_y^2 + e_z^2 & -e_x e_y & -e_x e_z \\ -e_x e_y & e_x^2 + e_z^2 & -e_z e_y \\ -e_x e_z & -e_z e_y & e_y^2 + e_x^2 \end{bmatrix}_i \begin{bmatrix} \ddot{x}_i \\ \ddot{y}_i \\ \ddot{z}_i \end{bmatrix} +$$

$$\frac{1}{2} e_{i-1} \cdot \begin{bmatrix} e_y^2 + e_z^2 & -e_x e_y & -e_x e_z \\ -e_x e_y & e_x^2 + e_z^2 & -e_z e_y \\ -e_x e_z & -e_z e_y & e_y^2 + e_x^2 \end{bmatrix}_{i-1} = \begin{bmatrix} F_{xi} \\ F_{yi} \\ F_{zi} \end{bmatrix} \tag{6-45}$$

系缆的张力不仅与缆的弹性模量有关，而且与系缆的松弛或张紧状态相关，因此系缆分段 $s_i(i=1,2,\cdots,n)$ 上的张力 T_i 可以表示为

$$T_i = \begin{cases} A_i(\tilde{l}_i/l_i - 1) & \tilde{l}_i > l_i \\ 0 & \tilde{l}_i \leq l_i \end{cases} \tag{6-46}$$

式中 $\tilde{l}_i$——系缆分段 s_i 伸长后的长度；

l_i——系缆分段 s_i 的原始长度；

A_i——系缆截面面积;

E——系缆弹性模量。

求解系缆的动态张力,必须已知系缆两端的边界条件。由于系缆端点与平台和海底的连接方式不同,其边界条件也会有所不同。在任意时刻,系缆锚固定端与激励端(系缆的上端点 N)的位移边界条件为

$$x_0(t) = x_0, y_0(t) = y_0, z_0(t) = z_0$$
$$x_N(t) = x_N^t, y_N(t) = y_N^t, z_N(t) = z_N^t$$

为了求解系缆运动方程式(6-45),需要定义每一个节点的初始条件。初始条件包括质点的初始位移和初始速度。

节点在初始时刻的位置和速度为

$$x_i(0) = x_i^0, y_i(0) = y_i^0, z_i(0) = z_i^0$$
$$\dot{x}_i(0) = \dot{x}_i^0, \dot{y}_i(0) = \dot{y}_i^0, \dot{z}_i(0) = \dot{z}_i^0$$

运动微分方程采用有限差分法求解。在 $t + \Delta t$ 时刻,节点 i 的加速度 $\ddot{S}_i$ 和速度 $\dot{S}_i$ 的差分离散记为

$$\begin{cases} \ddot{S}_i^{n+1} = \dfrac{1}{\Delta t^2}(2S_i^{n+1} - 5S_i^n + 4S_i^{n-1} - S_i^{n-2}) \\ \dot{S}_i^{n+1} = \dfrac{1}{6\Delta t^2}(11S_i^{n+1} - 18S_i^n - 9S_i^{n-1} - 2S_i^{n-2}) \end{cases} \tag{6-47}$$

式中 $\dot{S}_i^n$ 和 $\ddot{S}_i^n$——当前时间步的速度和加速度;

$\dot{S}_i^{n+1}$ 和 $\ddot{S}_i^{n+1}$——下一个时间步的速度和加速度;

$\dot{S}_i^{n-1}$ 和 $\ddot{S}_i^{n-1}$——前一个时间步的速度和加速度。

在第 $n+1$ 个时间步上,系缆分段 $s_i(i = 1, 2, \cdots, n)$ 的约束方程为

$$l_{s_i}^2(1 + T_i^{n+1}/AE) = (x_i^{n+1} + x_{i-1}^{n+1})^2 + (y_i^{n+1} + y_{i-1}^{n+1})^2 + (z_i^{n+1} + z_{i-1}^{n+1})^2 \tag{6-48}$$

将式(6-48)关于张力的估值 $\tilde{T}_i^{n+1}$ 展开为泰勒级数,并略去高阶项得到

$$\begin{bmatrix} \dfrac{\partial \tilde{\delta}_1^{n+1}}{\partial T_1^{n+1}} & \dfrac{\partial \tilde{\delta}_1^{n+1}}{\partial T_2^{n+1}} & \cdots & \dfrac{\partial \tilde{\delta}_1^{n+1}}{\partial T_N^{n+1}} \\ \dfrac{\partial \tilde{\delta}_2^{n+1}}{\partial T_1^{n+1}} & \dfrac{\partial \tilde{\delta}_2^{n+1}}{\partial T_2^{n+1}} & \cdots & \dfrac{\partial \tilde{\delta}_2^{n+1}}{\partial T_N^{n+1}} \\ \vdots & \vdots & & \vdots \\ \dfrac{\partial \tilde{\delta}_N^{n+1}}{\partial T_1^{n+1}} & \dfrac{\partial \tilde{\delta}_N^{n+1}}{\partial T_2^{n+1}} & \cdots & \dfrac{\partial \tilde{\delta}_N^{n+1}}{\partial T_N^{n+1}} \end{bmatrix} \begin{bmatrix} \Delta T_1^{n+1} \\ \Delta T_2^{n+1} \\ \vdots \\ \Delta T_N^{n+1} \end{bmatrix} = \begin{bmatrix} \tilde{\delta}_1^{n+1} \\ \tilde{\delta}_2^{n+1} \\ \vdots \\ \tilde{\delta}_N^{n+1} \end{bmatrix} \tag{6-49}$$

则可以求得在第 $n+1$ 时间步上第 k 次迭代的系缆的张力估值为

$$\tilde{T}_i^{n+1}(k) = \tilde{T}_i^{n+1}(k-1) + \Delta T_i^{n+1} \tag{6-50}$$

每一时间步的张力初值取上一时间步的张力终值,重复计算,直至算出每一时间步长上的系缆张力及构型。

6.4 锚的设计与选型

6.4.1 锚的类型

锚是浮式结构系泊系统的重要组成部分之一,海上作业环境恶劣,要在较长一段时间内保持浮式结构在海面上的位置并安全作业,对锚的合理设计与选型十分重要,尤其对于深水系泊系统,对锚的要求将更高、更严格。锚的种类很多,使用范围各有差异,但它们的目的都是一样的,即利用锚的抗拔承载力,使浮式结构在波浪力、风力和流力等复杂环境载荷作业下保持其稳定位置。所以每一种类型的锚都应具备以下几个性能:

①在不同的海域和海床地质条件下都有较高的抗拔承载力;
②锚的承载力必须达到一定的大小以满足工程要求;
③锚能够有效地嵌入海床;
④锚的形状、材料和大小便于存储和运输。

通常根据锚承受荷载的机理不同,将锚分为五类:重力锚(Dead Weight Anchor)、拖曳式锚(Drag Embedment Anchor)、桩锚(Pile Anchor)、吸力锚(Suction Anchor)和法向承力锚(Vertical Load Anchor,VLA)(图6.5)。

(1)重力锚

重力锚是最早使用的锚,主要靠材料自身质量来抵抗外力,部分靠锚与土壤之间的摩擦力来抵抗。材料为钢和混凝土,质量可达几百吨到几千吨,承受水平和垂向作用力的能力都很强。重力锚的形式有的是一块重物,有的是蜂窝状的装置,放到海底后再向里面加压载,也可以做出带裙边的形式,可以增大横向抓力。

(2)拖曳式锚

拖曳式锚是最常见的形式,应用较早并广受欢迎。拖曳式锚部分或全部插入海底,主要靠锚前部与土壤的摩擦力来抵抗外力,能够承受较大的水平力,但承受垂向力的能力不强。因此拖曳式锚适用于不承受垂向力的悬链式系泊系统,在中浅水域用得较多,早期的各种船舶定位也通常采用拖曳式锚。拖曳式锚的种类也很多,大致分为有杆锚、无杆锚、大抓力锚及特种锚四大类型。具有横杆的锚为有杆锚。该类锚的特点是一个锚爪啮入土中,当锚在海底拖曳时,横杆能阻止锚爪倾翻,起稳定作用。无杆锚是指没有横杆,锚爪可以转动的两爪锚。该类锚的特点是在工作中两个爪同时啮入土中,稳定性好,对各种土质的适应性强,收藏方便。大抓力锚实际上是一种有杆转爪锚,因其具有很大的抓重比,故称为大抓力锚。这类锚的特点是锚爪的啮土面积大,抓持的底质深而多,抓力特大,但是锚爪易拉坏,收藏不方便。特种锚的形状和用途与普通锚均不同,主要是指供浮筒、囤船、浮船坞等使用的永久性系泊锚,破冰船上所用的冰锚及帆船和小艇上用的浮锚等。

对拖曳式锚的另外一种分类方法是根据其抓重比来进行,令抓重比为 E,则 E = 锚抓力/锚自身质量。根据 E 的取值范围不同,可分为以下几个等级。A 级:$E = 33 \sim 55$,典型的

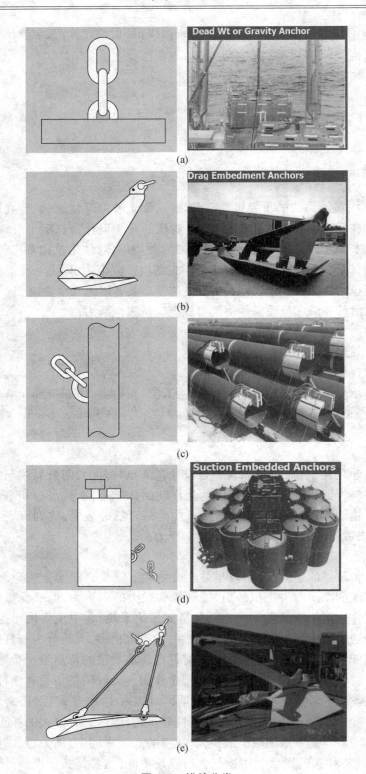

图 6.5 锚的分类
(a)重力锚;(b)拖曳式锚;(c)桩锚;(d)吸力锚;(e)法向承力锚

代表如 Stevpris, Stevshark, FFTS; B 级: E = 17 ~ 25, 典型的代表如 Bruce SS, Bruce TS, Hook; C 级: E = 14 ~ 26, 典型的代表如 Stevin, Stevfix, Stevmud, Flipper Delta; D 级: E = 8 ~ 15, 典型的代表如 Danforth, LWT, Moorfast - Stato - Offdrill, Boss; E 级: E = 8 ~ 11, 典型的代表如 AC14, Stokes, Snugstow, Weldhold; F 级: E = 4 ~ 6, 典型的代表如 US Navy Stockless, Beyers, Union, Spek; G 级: E < 6, 典型的代表如 Single Fluke Stock, Stock, Dredger 等。各种锚的示意图如图 6.6 所示。

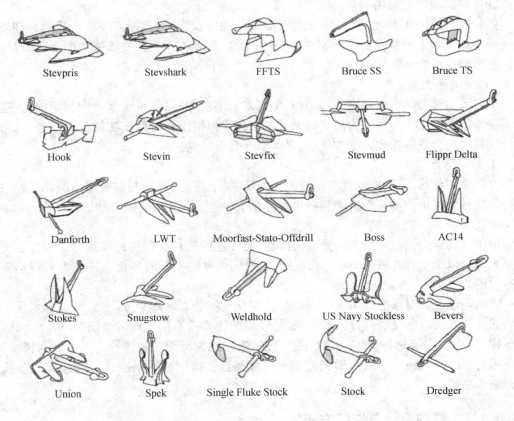

图 6.6 拖曳式锚的类型

（3）桩锚

桩锚是中空的钢管通过打桩安于海底，靠管侧与土壤的摩擦力来抵抗外力。通常需要将锚埋入较深的海底，以抵抗外力，能承受水平力和垂向力。大的高能力的单桩锚比拖曳锚可靠，但在深水中使用时，安装和吊运的难度比较大，钻井和灌浆技术复杂，成本也很高。

（4）吸力锚

吸力锚是一种比较常见的深海锚形式，19 世纪 50 年代作为一门新技术被开发出来，在 19 世纪 90 年代被挪威应用到北海海洋平台。吸力锚的概念从提出到目前为止，已有大约 500 个被安装在世界各地 50 多个地点，应用在 20 ~ 40 m 的浅水到超过 1 000 m 的深水海域的临时性或永久性系泊系统，使用范围非常广泛。

吸力锚又称负压锚，类似于桩锚，但中空的钢管的直径要大得多。通过安于钢管顶部的人工泵使馆内外出现压力差，当馆内压力小于管外，钢管即被吸入海底，然后将泵撤走。

吸力锚主要靠管侧与土壤的摩擦力来抵抗外力,能承受水平力和垂向力。吸力锚的优点包括:

①不需要打桩设备,海上安装施工简易;
②安装工期短;
③抗拔性能卓越;
④就位准确;
⑤可以实现异地复用。

但是吸力锚体积庞大、笨重,在装配和收锚时耗时较多,运载不方便。一艘锚装卸船不能在同一次航行中运载完整的一套锚具,这就需要多次航行或多艘锚装卸船运载,以保证这种吸力锚在目的地海域进行安装。

(5)法向承力锚

法向承力锚与传统的拖曳式锚类似,但深入土壤更深,可以承受水平力和垂向力,逐渐成为深水系泊系统中一种主力的基础形式。法向承力锚工作时处于法向受力状态,承载力性能较高。与传统的拖曳式锚相比较,具有以下突出特点。

①法向受力

在正常工作状态下,法向承力锚所受到的荷载(上拔力)方向与锚板平面的外法线方向平行。这种锚在土中的工作性能和一块嵌埋在土中的法向受力的板非常相似。

②高承载力

由于法向承力锚独特的法向受力的特性,使得这种锚具有很高的承载力。实验表明法向承力锚可以承受自身重力 100 倍以上的荷载,而这种锚工作时的极限抗拔力可以达到安装荷载的 2.5~3.0 倍。

③法向承力锚对系泊线角度(荷载方向)变化范围的要求不十分严格,既可以承受水平方向的荷载又可以承受竖直方向的荷载,是理想的张紧式系泊系统的系泊基础。而与吸力锚相比,法向承力锚材料更省、承载性能更强、施工更为简便。像传统的拖曳嵌入锚一样,法向承力锚的安装施工也由拖锚安装船来完成,施工方法简单、易操作,同样,其回收施工也很简单易行。

6.4.2 锚的设计与选型方法

1. 锚系统的设计与评估主要考虑的因素

(1)海底地形地质条件;
(2)海底平面布置;
(3)对锚的要求,包括承受垂向和水平向荷载的能力,周期性和极限条件;
(4)安装方法;
(5)浮式结构系泊系统的设计使用寿命,是永久性还是暂时性系泊系统;
(6)锚的稳性-极限载荷作用下的允许极限位移,或拖曳作用下的旋转稳性;
(7)系统检查,可继续应用或停用的要求;
(8)资金成本限制。

锚的设计与选型要受到各种因素的影响,必须综合考虑后确定最后方案。下面以典型的法向承力锚为例,对其设计原则进行说明。

在法向承力锚研究的初期,锚板的形态通常是根据实践或经验来设计的,随着研究的进一步深入,科学技术成了锚板设计的关键手段。国外通过大量的室内实验和现场试验,对锚的性能有了更深层次的认识和理解。锚板的性能,如锚板的承载力和嵌入深度等会受到很多不同参数的影响,主要包括锚板的面积和形态、锚胫的形态、土体条件、加载情况和系泊线类型等。以下简单介绍锚板性能的相关影响参数及其机理。

锚的承载力由以下两个参数决定:①锚板面积:受锚板设计的承载力大小限制,根据不同的系泊系统要求需要不同面积的锚板;②锚板的嵌入深度:锚的嵌入深度取决于土体的类型(在软黏土中的嵌入深度明显大于在硬沙中的嵌入深度)、锚板类型、所选用的拖缆类型和拖曳力的大小。

2. 锚板嵌入深度的影响因素

一般来说,随着锚板面积的增大或者锚板嵌入深度的增加其承载力也随之增加。

(1)锚板的形状

锚的流线型对于锚板的嵌入深度来说非常重要。非流线型锚在拖曳过程中将承受更多的土阻力从而影响其嵌入深度,而具有相同锚板面积的流线型锚其嵌入深度将明显增加。

(2)锚胫的形状

在法向承力锚研究初期,大部分锚板的锚胫都做成一个四方形的整体封闭块型结构,这将导致土体不易穿过锚胫从而在锚胫的下方形成一个压缩的土块,极大地增加了嵌入过程中的土抗力。经过深入研究,把四方形封闭锚胫改为镂空结构,这样有利于土体的穿越,减少了嵌入过程中的土抗力,将达到更大的嵌入深度。现阶段,锚板的锚胫采用聚酯材料制造成的软索结构,对称布置于锚板平面。采用四根软索锚胫相比于单个的块体锚胫将最大限度减少锚板嵌入的土抗力,同时四根锚胫对称布置将有利于嵌入过程中的稳定,防止锚板在嵌入过程中发生侧向倾覆。

(3)系泊线的类型

系泊线主要分为两种,钢缆和链条,相同的锚板连接到钢缆的嵌入深度将大于连接到链条的嵌入深度,这是由于链条在嵌入过程中要承受土对其的侧向阻力,同时链条在土中和海床面摩擦力比钢缆要大。

(4)土体条件

土体条件主要包括土的种类、土层和土的不排水抗剪强度等。同样的锚板在不同的土体条件下嵌入的深度将明显不同。

(5)其他因素

例如,拖曳角的大小、系泊线的材料与直径等。

3. 锚板的设计原则和标准

基于以上分析和国内外研究,锚板的设计必须基于一定的设计原则和标准,以保证锚板的相关性能得以有效的实现,完成工程中对法向承力锚的使用要求,达到安全系泊的目的。它们包括以下几点:

(1)锚板必须达到一定的承载力要求:它是由锚板面积、锚胫形状、嵌入深度和土体类型等共同决定的;

(2)锚板设计应能适用于实际工程中的各种土况,如软黏土、硬沙、珊瑚岩和灰屑岩等;

(3)锚板与锚胫之间的夹角应易于调整,使锚可以快速地根据不同工况进行调整;

(4)锚板的设计必须考虑到锚板能够承受实际工程中的一般荷载,同时可以轻易地操作、安装、回收和贮藏;

(5)锚板的嵌入深度取决于锚的形状和设计,所以锚板表面上的附加部分应该尽量避免;

(6)锚板各个方向的稳定性有助于增加锚板的嵌入深度,从而提高锚板的承载力,因此有效的稳定性是优良锚设计中不可缺少的一部分;

(7)锚胫的设计必须有利于土体穿过,并且易于安装和拆卸;

(8)锚板的面积由锚板的承载力决定;

(9)锚板应该设计成流线型以使穿透的土阻力降到最低。

第 7 章　动力定位系统

7.1　概　　述

　　动力定位系统首先在海洋钻井船、平台支持船、潜水器支持船、管道和电缆敷设船、科学考察船、深海救生船等方面得到应用,于 20 世纪 70 年代后期由美国海军研制成功,起初主要应用于潜水艇支持船、军用海底电缆铺设等作业。从 20 世纪 80 年代初开始,随着北海油田、墨西哥湾油田的大规模开发,动力定位系统被广泛应用于油田守护、平台避碰、水下工程施工、海底管线检修、水下机器人(ROV)跟踪等作业。尤其是 20 世纪 90 年代以来,随着海上勘探开发逐步向深水(500~1 500 m)和超深水(1 500 m 以上)发展,几乎所有的深水钻井船、油田守护船都装备了动力定位系统。

　　第一艘采用自动反馈系统的动力定位船舶是"尤勒卡"号。第一代动力定位系统的控制器有模拟和数字式两种,一般无冗余技术和风前馈控制技术,位置传感器单一,最有代表性的是"格诺玛挑战者"号勘探船。20 世纪 70 年代出现的第二代动力定位系统与早期系统相比,主要特点是采用了数字控制器,具有了风前馈处理和系统冗余,位置传感器由单一型发展成综合性,以英国的"Pholas"号为代表。当前的动力定位船舶采用的是第三代动力定位系统,其突出特点是普遍采用计算机对动力定位进行控制,风力、流力、二阶波浪漂移力和推力器力的计算速度得到了很大提高,其定位精度、实时性和稳定性等性能得到了很大改善。对环境因素的处理采用风前馈和波前馈的概念。

　　除了较早对动力定位进行研究的英国、美国之外,荷兰、挪威和日本也对动力定位系统进行了研究,并建立了一系列试验机构,用仿真、模型试验的方法对其方案进行论证。国际上知名的海洋工程设计机构,如荷兰的 Marin、挪威的 MARINTEK 和 Kongsberg 等机构自 20 世纪 80 年代就不断投入人力物力进行动力定位的研究。其中,荷兰 Marin 在 20 世纪 80 年代初期即确定了关于推力器和定位的研究计划,并开展了动力定位的模型试验,内容包括:

　　(1) 推力器和推力器之间的相互作用;

　　(2) 推力器和船体的相互作用;

　　(3) 环境力和低频运动计算和模拟。

　　在此基础上开发了动力定位的模拟程序 RUNSIM,解决了流力、风力、二阶波浪漂移力、推力器推力的计算。

　　国内自 20 世纪 70 年代开始对动力定位也进行了积极的研究,如哈尔滨工程大学、上海交通大学、708 所、704 研究所、711 研究所、上海外高桥造船有限公司、江南造船(集团)有限责任公司等单位都进行了这方面的研究工作,在动力定位系统基本设计、详细设计、生产设计、实船应用等方面有了一定的技术积累。但目前国内大多数研究单位尚处于理论研究或实验研究阶段。哈尔滨工程大学 1983 年在国内率先研制动力定位技术,并于 1998 年研制成功中国首套动力定位系统;其研制的 DK-1 型动力定位系统已经具备了在小型船舶上应用的经验。2005年,上海交通大学开展了基于波浪外干扰的新型动力定位控制系统研究。一些科研院所结合实际课题也开展了技术攻关,建立了船舶动力定位技术联调实验室,进行了包括潜艇救生艇动力定位系统的研制。2010年,上海振华重工自主研制成功3 800 kW可升降全回转吊舱动力定位推力器,并在研发过程中,解决了一系列难题,打破了国外技术封锁,实现了关键零部件国产化,填补了我国该领域的技术空白,并以此为基础,搭建了动力定位系统实船测试平台及推力器性能测试车间,为形成具有自主品牌的动力定位系统奠定了坚实基础。哈尔滨工程大学研发了国内首套满足国际海事组织对三级动力定位设备配置和功能要求的DP3控制系统工程样机,获中国船级社颁发的"船用产品证书"和系泊、航行及故障模式与影响分析试验的"检验证明",在国内实现了零的突破,填补了国内空白。这些科研成果将大大提高国内在动力定位系统研制方面的能力。

虽然我国研发动力定位系统的步伐在加快,但总体水平与国外相比还有一定差距。在软件方面:国外知名的海洋工程设计公司几乎都有自己成熟的动力定位系统模拟仿真系统、定位能力计算分析系统、模拟培训系统、实时监测分析系统等软件,而国内大多还处于起步阶段和理论研究阶段。硬件方面:主要体现在动力定位使用的吊舱推力器、大功率全回转推力器的研发与制造,高精度测量设备及传感器的研制,以及动力定位核心控制系统部分等设备的设计和生产方面。

7.2 动力定位系统的组成

动力定位是指在风、浪、流等环境载荷的干扰情况下,不借助于锚泊系统,而由船舶或平台计算机自动控制推力器来保持船舶或浮动平台位置和艏向的技术。它先使用各类精密的传感器测出船舶的运动状态与位置变化,以及外界风力、波浪、海流等扰动力的大小与方向,通过计算机等自动控制系统对信息进行实时处理、计算,并自动控制若干个不同方向的推进器的推力大小和力矩,使平台保持其目标位置和朝向。动力定位系统是一个庞大而复杂的集成性系统,所包含的设备非常繁多复杂,所涉及的专业面也较广,一般认为其主要由测量系统、控制系统、动力系统和推力系统四大子系统组成。动力定位的组成及原理见图7.1。

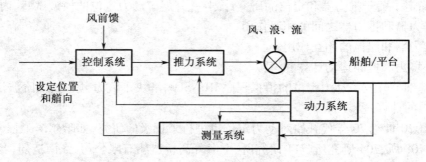

图7.1 动力定位系统的组成及原理

测量系统是动力定位系统的重要组成部分，它所获得的数据是动力定位的主要依据。一套完整的测量系统由位置测量单元、艏向测量单元、环境测量单元和垂直测量单元(惯性测量单元、加速度计等)组成。动力定位系统对测量系统的可靠性有着较高的要求，每一种测量系统都有其优缺点，因此为了达到较高的可靠性，需要将它们结合起来使用。通过对位置测量系统、艏向测量系统、环境测量装置等定位测量系统进行相关数据信息融合研究，建立一个高精度、高可靠性的数据测量系统，为动力定位控制系统进行推力分配提供依据。

控制系统是动力定位系统的核心组成部分，是整个动力定位系统的大脑。动力定位系统进行工作时，测量系统所测量得到的平台状态信息和环境条件信息将输入到控制系统中，控制系统根据比较得到的平台或船舶当前状态和设定状态的偏差和既定的推力分配逻辑给推力系统下达推力指令，最后才由推力系统发出推力使得船舶或平台回到设定状态。因此控制系统是整个定位过程中的指挥者，对定位的完成与否至关重要。动力定位系统的控制系统一般应包含艏向控制、阻尼控制、定点控制、追踪控制以及回复力控制与平均力控制等控制模块。每一个控制模块均含有相应的控制器，来完成相应的控制功能。艏向控制保持浮式结构的艏向角在既定的范围内，以控制浮式结构的偏移量和能量的消耗；阻尼控制使浮式结构在横荡和纵荡两个自由度方向的振荡在一定范围；定点控制使得浮式结构的位置在一个特定的设定点，以保证立管等系统的安全性；追踪控制使浮式结构能完成对某参考点的追踪定位；回复力控制用来防止共振的产生；平均力控制用来完成在结构受到大幅值平均环境载荷时的控制。整个系统中，各控制模块应能各司其职并有效结合，才能完成复杂的定位任务。

动力系统也是动力定位系统中必不可少的设备，它不仅是推力系统的能量供应源，也是各传感器系统和控制系统的能量提供者。动力系统的核心是动力机，没有动力机提供动力，系统将无法启动。除了动力机之外，动力系统有序供给动力的保障是动力管理系统，它影响着动力定位系统的整个推进系统，同时与各个自控制器之间(包括动力定位高层控制器、推力分配模块、局部推进器控制模块、执行器控制模块)存在着不可分割的联系。在一般的动力定位船舶和平台中，中压配电板是整个电力系统的中心，主要负责发电机、中压变压器和接地系统的保护等工作。动力机和中压配电板的数量即配置方式以动力定位系统的等级不同而不同。对于目前在深海半潜平台中广泛要求的 DP3 级动力定位系统来说，一般需要配置了分别放置在 3 个及以上独立的配电板室中，配电板室 3 套以上独立的中压配电板，之间需要物理分隔。

推力系统是动力定位过程的执行者。船舶正是借助于推力系统提供的推力来抵消环境载荷，从而使得平台或船舶保持设定位置和艏向的。推力系统中最重要的部分就是推力器。运用在动力定位中的推力器和船舶推进的推进器有较大不同，动力定位系统中的推进器在推进效率、噪声、可靠性以及可维护性等方面都有较高的要求。动力定位的推进器在实际工作中由于受到各种因素的干扰，而不会达到推进器实验时所能达到的性能，所以在动力定位推力系统的设计和分析过程中很有必要对能够影响到推进器性能的因素做出讨论，同时由于各种规范对动力定位系统的安全性和可靠性有一定要求，需要考虑推力器有一定的冗余度，以保证动力定位系统在部分设备出现故障后仍能执行定位任务。

7.3　动力定位能力分析

对于动力定位系统来说,设计者或者船东最关心的就是动力定位系统的定位性能,因为它直接决定了船舶或者平台能否在特定海域进行作业,因此在动力定位系统的设计、建造和运营过程中,动力定位系统的定位性能都是需要重点考虑的。在设计阶段,对于一个特定的动力定位系统,主要从静态和动态两方面来考察动力定位系统的定位能力。

7.3.1　平台定位能力静态分析

在对平台设计方案进行初步评估分析时,常常借助于定位能力静态分析方法。目前,各船级社都拟定了对动力定位能力进行评判的标准,如挪威船级社的环境规则指数、英国劳氏船级社的 PCR 指数以及 API 推荐的动力定位能力曲线等,但运用较多的定位能力分析工具主要是动力定位能力曲线。

动力定位能力曲线是一条极坐标系下从 0°到 360°的包络线。包络线的半径方向的坐标表示平台动力定位系统的定位能力。表示定位能力的指标目前用得较多的主要是两种。第一种是定位系统完成定位时能抵抗的极限环境载荷,一般来说以风速或流速作为评判标准;第二种是在特定的环境条件下推力系统推力器的推力占最大推力的百分比(推力器使用率)。本书采用 API 推荐的方法,以推力器的使用率作为评判标准。考虑到环境载荷各种组合的复杂性,计算时假定风载荷、流载荷以及波浪载荷作用于同一方向。

1. 计算流程

在进行平台动力定位系统定位能力曲线计算时,遵照以下流程进行:首先输入计算工况下的环境条件参数,然后设定一个初始的计算角度并按照选定的环境载荷计算方法分别计算风载荷、流载荷和低频波浪载荷;在得到各环境载荷后将其叠加得到总的环境载荷,然后将得到的总的环境载荷输入到推力计算与分配算法当中,得到各个推力器的推力,最后再将推力器推力与推力器最大推力相比得到推力使用率;得到推力使用率之后,按照一定的步长,增加环境载荷的方向,进入到下一个循环当中,直到 0°到 360°方向上的推力使用率均计算完毕,其计算流程图如图 7.2 所示。

2. 计算结果

这里以半潜平台为例给出了两个工况下即正常作业工况和停止作业但立管处于连接状态的待机工况平台的定位能力。本节分别计算了半潜平台的两个设计工况下推力系统完好和有一个与两个失效推力器故障下的平台动力定位系统定位能力曲线。平台作业工况下各个故障模式的计算结果如图 7.3 至图 7.5 所示。平台待机工况下各个故障模式的计算结果如图 7.6 至图 7.8 所示。

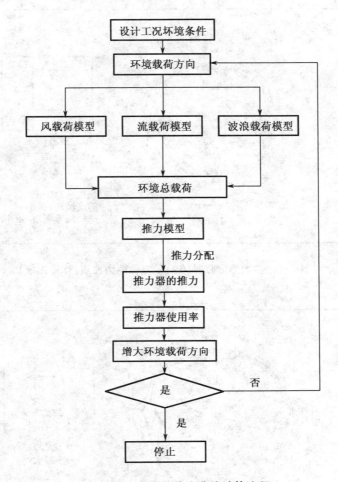

图 7.2 平台定位能力曲线计算流程

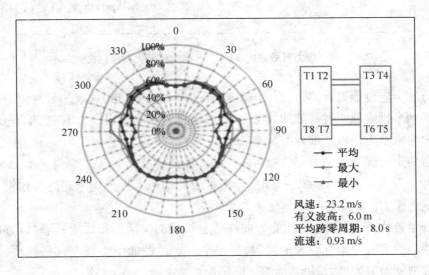

图 7.3 推力系统完好时的定位能力曲线(作业工况)

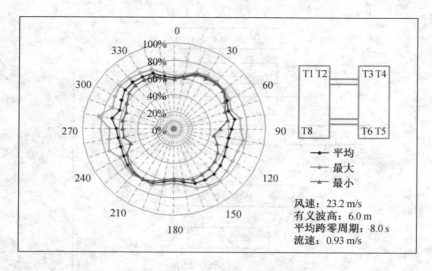

图 7.4　一个推力器故障时(T7)的定位能力曲线(作业工况)

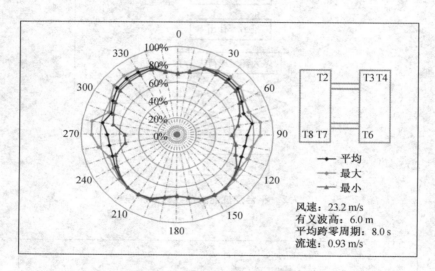

图 7.5　两个推力器故障时 T1 和 T5 的定位能力曲线(作业工况)

在进行平台定位能力计算时,有两个推力器故障的失效模式选取的是故障后果最为严重的对角的两个推力器同时故障的情况。同时,考虑到安全性,按照规范的推荐要求,推力器的最大推力取推力器极限推力的 80%。

从平台两个工况下的动力定位能力曲线的计算结果可以知道:

在两种工况下,当推力系统完好时,每个推力器的最大推力均未超过考虑推力冗余后的推力器最大推力。

当有一个推力器故障时,定位能力曲线的包络线的包络面积增大,同时该方向的另外一个推力器的推力使用率有较大的增幅,使得平台定位性能变得稍差,但是最大推力仍未超过单个推力器的最大推力,仍然能够完成定位。

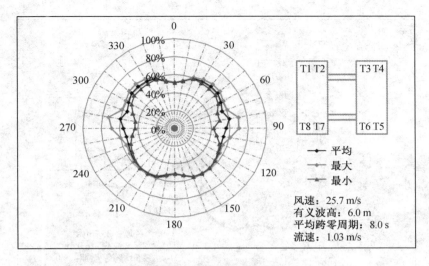

图 7.6　推力系统完好时的定位能力曲线（待机工况）

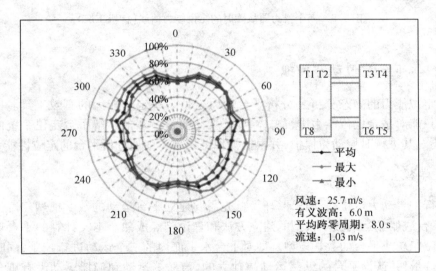

图 7.7　一个推力器故障时的定位能力曲线（待机工况）

当有两个推力器故障时，定位能力曲线的包络线的包络面积更大，多数方向下的推力器的推力使用率都接近了推力极限，个别方向的推力器使用率超过了推力极限。这种情况虽然平台依然可以困难地定位，但定位精度会变差。这是比较危险的情况，需要立即停止作业排除故障。

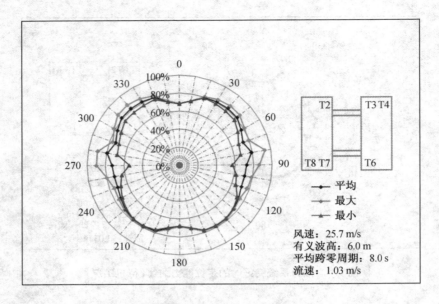

图 7.8　两个推力器故障时的定位能力曲线(待机工况)

7.3.2　平台定位动态模拟

平台定位能力的静态分析是分析平台动力定位系统定位能力的有效工具。但是静态分析方法只能对平台定位能力进行总体判断,要想更进一步的了解平台定位系统的定位性能,还需要对其进行时域动力模拟,并根据模拟结果来详细地分析平台的定位性能。

1. 数学模型

在进行平台动力定位的动态计算时,首先需要建立平台运动的数学模型。对于动力定位控制,平台或船舶运动数学模型的建立方法和理论已经成熟。本文计算的平台选用通用的动力定位船舶或平台的数学模型。即对平台水平面内的三个运动进行控制,同时只考虑低频运动分量,并认为平台的纵荡运动是独立的,与横荡运动和艏摇运动没有耦合。基于此,平台的运动方程可以表示为

$$\begin{cases} (m+m_x)\dot{u} = F_{Xwa} + F_{Xwi} + F_{XC} + F_{XT} + X_u u \\ (m+m_y)\dot{v} = F_{Ywa} + F_{Ywi} + F_{YC} + F_{YT} + Y_v v + Y_r r \\ (I_z+J_z)\dot{r} = N_{wa} + N_{wi} + N_C + N_T + N_r r + N_v v \end{cases} \quad (7-1)$$

式中　m, I_z——计算平台的质量和绕 Z 轴的转动惯量;

　　　m_x, m_y, J_z——平台沿 X, Y 方向的附加质量和船体绕 Z 轴的附加转动惯量;

　　　力的下标 wa, wi, C 和 T——船体水动力载荷、低频波浪载荷、风载荷、流载荷和推力器的推力。

其控制方法与状态估计方法如下。

(1)控制方法

对于动力定位的控制方法,国内外很多研究者都进行了探索。到目前为止,已经出现

了多种控制方法,如经典控制、鲁棒控制和如今很多研究者正在研究的智能控制方法,等等。但目前在役船舶或平台用得最广泛的还是基于 PID 控制理论的经典控制方法,因此这里的控制逻辑选用 PID 控制。

PID 控制器是目前运用很成熟的控制器,其控制规则如下:

$$f(\varepsilon) = K_P\varepsilon + K_I\int\varepsilon\mathrm{d}t + K_D\frac{\mathrm{d}\varepsilon}{\mathrm{d}t} \tag{7-2}$$

式中 K_P——比例增益系数;
K_I——积分增益系数;
K_D——微分增益系数。

在船舶与平台的定位中,为了改善控制系统的控制性能,一般需要在控制系统中要加入风前馈。整个控制系统的形式是一个位置信息的后反馈系统加上风前馈系统。引入风前馈后的 PID 控制规则可表示为

$$f(\varepsilon) = K_P\varepsilon + K_I\int\varepsilon\mathrm{d}t + K_D\frac{\mathrm{d}\varepsilon}{\mathrm{d}t} + F_W(\alpha_W, v_W) \tag{7-3}$$

式中 $F_W(a_W, v_W)$——风的反抗力或力矩;
v_W——风速;
a_W——风向角。

(2)状态估计方法

由于 Kalman 滤波估计方法运用已经很成熟,而且解决了相位滞后问题,具有较好的状态估计效果,本书采用 Kalman 滤波估计方法进行平台的状态预估。

在进行 Kalman 滤波时,先对平台进行状态预测,然后得到预测误差,再将测得的平台状态信息进行滤波,最后得到一个平台状态的最佳估计值,同时给出滤波误差。其状态估计流程如图 7.10 所示。

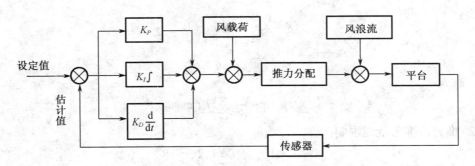

图 7.9 为计入风前馈的比例-积分-微分控制器的动力定位系统框图

2. 推力分配方法

对于半潜平台这种多推力器推力系统的推力分配,W. C. Webster 曾提出线性规划方法。但实际定位过程中,推力分配是一个在约束条件下从期望控制量到执行机构的非线性映射过程。从减小定位成本的角度考虑,推力分配逻辑的目标函数是能量消耗最小。其限制条件要考虑到推力器推力、推力禁止角限制、推力器角度与功率变化速率等约束,因此推力分配的优化目标函数为

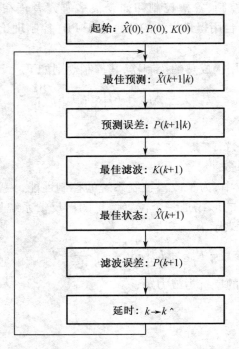

图 7.10 基于 Kalman 滤波方法的状态估计流程

$$J = \sum_{i=1}^{n} (t_i)^2 \qquad (7-4)$$

其限制条件包括

(1) 力和力矩的平衡条件

$$X - \sum_{i=1}^{n} t_i \cos\theta_i = 0$$

$$Y - \sum_{i=1}^{n} t_i \sin\theta_i = 0$$

$$N - \left(\sum_{i=1}^{n} l_x t_i \sin\theta_i - \sum_{i=1}^{n} l_y t_i \cos\theta_i \right) = 0 \qquad (7-5)$$

(2) 推力器推力范围限制

$$0 \leqslant t_i \leqslant t_{\max}, \quad i = 1, 2, \cdots, 8 \qquad (7-6)$$

(3) 推力禁止角限制

$$\theta_{\min} \leqslant \theta_i \leqslant \theta_{\max}, \quad i = 1, 2, \cdots, 8 \qquad (7-7)$$

对于该优化问题的求解有多种方法,此处计算采用改进的牛顿法。

3. 时域模拟结果

按照前述的控制方法、状态估计方法以及推力分配算法,本书介绍对目标平台试验模型进行的动力定位过程时域动态模拟。计算了在动力定位系统作用下,平台模型在两种工况的各故障模式中的运动响应。计算时,平台受到的环境载荷中的风载荷和流载荷的计算方法与静态分析时相同,只是波浪载荷在静态计算时取的是二阶定常力,在时域模拟时取二阶漂移力。同时,环境载荷设计为较为危险的风、浪、流同向施加。平台模型的初始位置为大地坐标系下的原点,艏向角为 0°。定位目标位置与控制艏摇角与平台初始状态相同。

这里分两种工况、三个环境载荷作用方向、三种工作模式计算了平台模型在水平面内的横荡、纵荡和艏摇这三个自由度的运动响应,得到了平台模型的运动轨迹。模拟时间为 2 000 s。这里只给出作业工况下推力系统完好时的模拟结果(图 7.11)和作业工况下两个推力器故障时的模拟结果(图 7.12)。

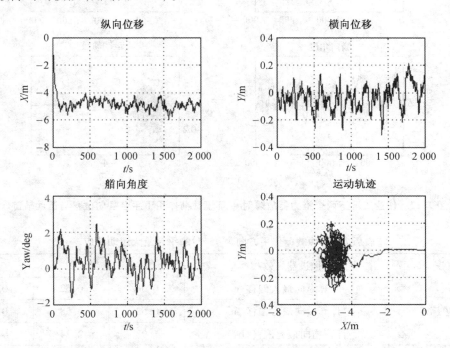

图 7.11 作业工况下推力系统完好 0°环境载荷作用下平台各向位移与运动轨迹

对 0°,45°和 90°三个环境载荷作用方向下平台推力系统在不同工作模式中的平台纵向偏移、横向偏移和艏向偏移做了统计。三个环境载荷作用方向下平台纵向、横向和艏向最大偏移量的计算模拟值见表 7.1、表 7.2 和表 7.3。

表 7.1 环境载荷作用方向为 0°时的平台最大运动响应

工况	推进器失效数	0	1	2
作业工况	计算纵向最大偏移/m	0.52	0.62	0.6
	计算横向最大偏移/m	0.31	0.57	0.63
	计算艏向最大偏移/(°)	1.83	2.04	4.12
待机工况	计算纵向最大偏移/m	0.48	0.56	0.62
	计算横向最大偏移/m	0.33	0.54	0.85
	计算艏向最大偏移/(°)	1.75	1.98	3.85

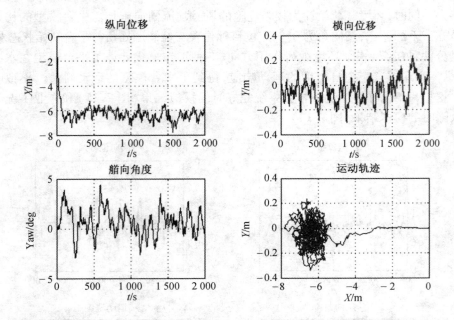

图 7.12 作业工况下两个推力器故障时 0°环境载荷作用下平台各向位移与运动轨迹

表 7.2 环境载荷作用方向为 45°时的平台最大运动响应

工况	推进器失效数	0	1	2
作业工况	计算纵向最大偏移/m	0.56	0.62	0.64
	计算横向最大偏移/m	0.53	0.58	0.63
	计算艏向最大偏移/(°)	1.93	2.24	4.35
待机工况	计算纵向最大偏移/m	0.45	0.62	0.64
	计算横向最大偏移/m	0.56	0.49	0.62
	计算艏向最大偏移/(°)	1.89	2.08	3.86

表 7.3 环境载荷作用方向为 90°时的平台最大运动响应

工况	推进器失效数	0	1	2
作业工况	计算纵向最大偏移/m	0.32	0.52	0.65
	计算横向最大偏移/m	0.51	0.63	0.64
	计算艏向最大偏移/(°)	1.98	3.57	3.92
待机工况	计算纵向最大偏移/m	0.28	0.56	0.65
	计算横向最大偏移/m	0.46	0.58	0.64
	计算艏向最大偏移/(°)	1.86	2.96	3.65

从以上两个工况的三种工作模式下的模拟计算结果可以看出：

（1）在推力系统完好时，在两个工况下均能完成良好定位，经过短时间的定位调整，平台模型被限定在 0.5 m 的运动范围内运动，平台的艏向在目标艏向左右振荡，变化范围小于 2°。

（2）在推力系统有一个推力器发生故障时，在两个工况下均能较好完成定位，经过短时间的定位调整，平台模型被限定在 0.65 m 的运动范围内运动，平台的艏向在目标艏向左右振荡，变化范围小于 3°。

（3）在推力系统有两个推力器发生故障时，在两个工况下均能完成有效定位，经过短时间的定位调整，平台模型被限定在 1 m 的运动范围内运动，平台的艏向在目标艏向左右振荡，变化范围小于 4.5°。

同时，在计算中还发现，在推力系统完好时，每个推力器均摊控制力，同时平台推力系统的功率消耗保持在较低的水平。在推力系统发生故障时，由于推力器故障，推力器的负荷大幅度增加，接近了最大许用推力。这是比较危险的，需要立即采取措施。

7.4 动力定位系统的可靠性与分级

对于采用动力定位系统进行定位的船舶或平台，为了保证动力定位系统在部分设备出现故障后仍能执行定位任务，必须增加设备的备份，提高冗余度，以增强系统的安全性和可靠性。

从安全性角度来看可靠性和冗余性，动力定位系统四个子系统可以进一步细分。

（1）电力系统

包括发电系统、配电系统、激励级等。

（2）推进系统

包括主螺旋桨、导管推进器、方位推进器。

（3）位置控制系统

包括计算机和输入/输出系统、人机界面、不间断电源等。

（4）传感器系统

包括陀螺仪、位置参考系统、风传感器等。

从底部开始，给定每个基本系统的可靠性，结合每个级别的冗余性考虑，通过统计方法可以算出整个系统的可靠性和可用性。目前比较通用的方法是故障模式和影响分析（FMEA）。这是一种定性分析技术，比较系统地分析可能的失效模式以及对系统、任务和人员的影响。该分析可进一步发展为临界分析（CA），根据可能性以及相应的后果来界定故障的级别。

针对一些 IMCA 推荐的作业条件，动力定位船舶应在最坏的天气条件下维持足够的安全定位能力。如果不是严重环境情况下的作业，这个要求可以不必要。最坏的定位条件因船而异，一般也是通过失效模式分析（FMEA）进行判别。对大多数船舶来说，最严重的情况是主机舱的失效或半数的主控失效，随之是半数的推进器失效。在此情况下，剩余的推进器应该能使船保持艏艉向并且能具备横向推力。

对每条船都应该甄别最严重的定位工况，作为衡量在某种天气下能否作业的标准。需要注意的是每条船最严重的定位情况并不是固定的，它会随着船的方位而变化。

动力定位的失效模式分析(FMEA)是动力定位设计的最重要技术文件,其要求源自于IMO MSC/Circ 645(1994)—动力定位船舶指南(Guidelines for Vessels with Dynamic Positioning Systems)。这些里程碑式的指南成为船级社或其他工业组织(如IMCA)出台动力定位规范、规程和其他指导性文件的基础。

根据国际海事组织(IMO)颁布的相关入级规范(Publication 645),动力定位船舶分为三个等级,分别称为Class 1、Class 2和Class 3。

一级系统,指该系统设备没有冗余度,任何单个设备的失效都可能导致船舶失去位置。

二级系统,系统具有冗余度,单个设备的失效不会导致系统失效。主要活动设备的失效如发电机、推进器、控制板、远程控制阀等的失效也不会导致船舶失位,但系统可能因为线缆、管路、手动控制阀等静态设备的失效而失灵。

三级系统,单个设备的失效不会导致系统失位,而且系统能抵抗在任一个舱室起火或浸水的严重情况。

表7.4 动力定位系统分级和入级符号

描述	IMO	船级社入级符号		
		ABS	LRS	DNV
在指定的最大设计环境下,能进行手动位置控制和自动艏向控制	—	DPS-0	DP(CM)	DNV-T
在指定的最大设计环境下,能进行自动和手动位置控制和自动艏向控制	Class 1	DPS-1	DP(AM)	DNV-AUT DNV-AUTS
在指定的最大设计环境下,能进行自动和手动位置控制和自动艏向控制。系统具有冗余度,具有两个独立的计算机控制系统,单个设备的失效(不包括舱室)不会导致船舶失位	Class 2	DPS-2	DP(AA)	DNV-AUTR
在指定的最大设计环境下,能进行自动和手动位置控制和自动艏向控制。系统具有冗余度,具有至少2个独立的计算机控制系统和1个分离的备份系统,单个设备的失效及任一个舱室的失控不会导致船舶失位	Class 3	DPS-3	DP(AAA)	DNV-AUTRO

根据IMO的相关要求,所有DP船舶要根据规程进行跟踪调查和测试。这些调查测试既包括单次的,也包括周期性的,测试针对具有某安全级别的单个设备失效后整个动力定位系统中所有其他的设备。

7.5 动力定位系统的应用

动力定位是从近海浮动船舶开始的。这类船舶的应用包括钻探石油、支援潜水作业、灭火、铺管、采矿,等等。在每一种情况下,为了完成给定的任务,船舶的移动与船首方向的定位方式都不相同。

船舶在完成规定任务的过程中,受到风、波浪和海流等自然环境因素的作用。此外,它还可能受到与所完成的任务有关的其他力和力矩的作用。例如在铺管时,要使管道保持一定的张力,以免管道弯折。

动力定位系统最早的一个应用是用于钻岩取样。为了钻取岩样,要在海底钻一个小孔,而船应浮于该孔上方。在钻孔过程中,船可以从该孔向任意方向移动一段水平距离。换句话说,船可以在以孔点为圆心的某一半径的圆内任意移动。有时这个圆就称为回旋圈。回旋圈的最大允许半径往往规定为水深的百分数。由于钻杆可倾斜一定的角度而不致折断,所以可对此半径做出规定,如图 7.13 所示。这个角度与水深无关,但很容易换算水面的线性尺寸。倾斜角 θ_x 与水深百分数之间的换算关系如下:

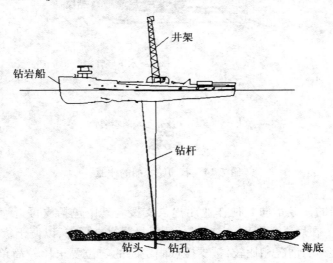

图 7.13　钻岩船在作业

$$水深百分数 = 100\% \tan\theta_x \tag{7-8}$$

通常,总是要求钻岩船能在规定的条件下完成预定的任务。这类环境条件包括最大平均风速、破浪高度和海流速度。这样就可以预期,在规定的环境条件下,钻岩船将位于给定的回旋圈内。当环境条件优越时,该船的回旋圈就小得多。

在钻取岩心的作业过程中,船首方向如何并不重要。但由于大多数船舶都具有"船形"壳体,这个壳体并不是轴对称的,所以在一定环境下存在一个最优的艏向。最优的意思是指,船首尾在这个方向下,不仅能减少船舶所受到的环境外力,降低为保持指定船位所消耗的功率,而且还可以缓和波浪造成的船舶运动,改善船员的舒适条件。

一旦完成钻岩作业,或与钻孔脱离关系后,回旋圈半径对完成基本任务或使命来说已无关紧要。此时环境条件将决定钻岩船是继续停留在钻区重新开始钻,还是驶向较好的环境条件或避风港。

在规定条件下,石油钻探船必须保持在井口周围一定的回旋圈内。就这一点而论,它和钻岩船并无多大区别,如图 7.14 所示。钻井周期可长达 150 天。这就要求石油钻探船的动力定位系统能在相对恶劣的天气条件下,连续多天保持工作性能的可靠性。如果定位不好,就得被迫脱离海底井口设备。但是重新连接的过程很费时,还有可能会损坏昂贵的钻探设备。虽然脱离海底设备是不希望的,但是在遇到极端恶劣的环境条件时,只得中断钻井过程,并将水下立管与海地设备脱开。为了重新恢复钻井,必须将钻杆重新插入井内。这就必须重新找到脱离过程中留下的井口和海底设备的位置。这样,钻探船就要重新在海底设备上定位,以便重新连接立管。重新连接过程首先要求动力定位系统能使船舶移动找到遗留的井口。其次要求动力定位系统保证船舶精确定位,以便使钻杆重新插入井内。

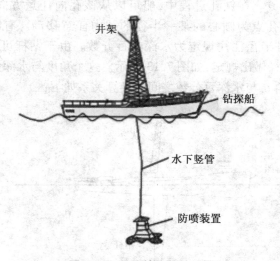

图 7.14 石油钻探船的作业

另一类近海船的任务是向其他作业船提供支援。其中包括支援近海潜水作业船或其他近海船、平台等。在后一情况下,支援船必须尽量紧靠支援点,以便于货物的传递。

与被支援点移动的情况相比较,被支援点固定时的定位要求比较简单。当被支援点移动时,要求支援船与被支援点之间的相对位置能测量的足够精确,以保证支援船安全的靠近被支援船。此外,动力定位系统必须足够灵敏,以确保支援船与被支援船之间相隔一定的安全距离。

在潜水作业中,要求动力定位确保潜水作业所需的定位精度。在某些情况下,例如在收放潜水装具过程中,其定位精度要比正常潜水作业高得多。即使在定位要求不高的阶段,也要求动力定位船能对紧急情况做出迅速的反应。同样,动力定位系统也应能保证船舶紧靠潜水作业区,借以保证能从水面上监控潜水作业并保持可靠的通讯。

在石油或天然气钻探与生产过程中,万一发生井喷,那是相当危险的,会烧毁井口上方的建筑物。为防止这类火灾,需要特殊的消防船,它能迅速赶到火灾现场,用大量的水浇冷建筑物,直到切断引起火灾的油气流为止。

对消防船提出的定位要求是能和燃烧的建筑物保持合理的距离,以确保消防船的水枪能瞄准火头。

消防作业时,通常要求消防船位于火头的上风,避免烟熏火燎。采用动力定位系统使消防船处于上风时,要求定位系统及其可靠,或者能确保船舶在必要时离开火源,以免因上风定位失误而受到损失。此外,不管在何种条件下,都有可能发生火灾,所以消防船应能在恶劣的天气条件下作业。恶劣的天气条件可能影响消防船的作业性能。为了保证水流能射到受灾建筑物的固定点上,消防船的水枪应采用定位控制。

还有一种定位作业,就是保证船舶沿固定的轨迹移动。这种作业包括管道保养、铺设、掩埋、电缆敷设和采矿等。在保养管道时,船可以跟踪管道,或跟踪管内外的某一物件,或尾随沿着管道移动的深潜器,如图7.15所示。在铺设管道或电缆时,铺设船沿预定的航线航行,在船的后方铺放管道或电缆。对动力定位系统的定位要求有两项:一是船必须在一定的"航线与航程"上航行;二是船必须严格定位,以免铺设过程中损害管道或电缆。在海底铺好管道后,随即进行埋管作业。此时埋管船沿着管道航行,拖着埋管机将管子埋好。根据埋管机的要求,可以确定对埋管船的定位要求。

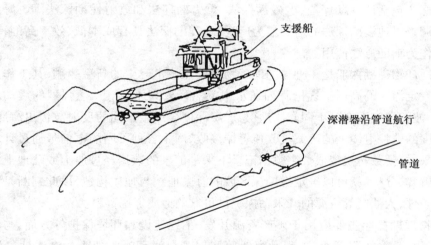

图7.15 管道保养作业

最后一项跟踪定位使命是采矿,此时动力定位的水面船只沿预定的航线移动,海底采矿机按预定的图形作业。通过设计采矿机的作业图形,能将给定区域的海底矿物尽可能多的收集起来。如果水面船舶的定位不精确,水下采矿过程就不可能顺利。

第 8 章　海洋工程辅助船

8.1　勘　探　船

　　海洋勘探船是用于海洋地质勘探的海洋工程船舶,船上装有地震仪和钻机等有关勘探设备,它们应用了重力、磁性、电性等物理的方法,来寻找海底石油、天然气和其他矿藏,所以,又把海洋勘探船叫作物理勘探船,简称物探船。由于海洋勘探船采用物理勘探法来进行探测,具有速度快、面积广等优点,所以在海洋油气勘探中应用尤为广泛。目前主要的地球物理勘探法包括地震勘探法、电磁勘探法、重力勘探法和放射性勘探法等。海洋油气资源的勘探调查以地震勘探法的应用最为广泛,地震勘探法具有成本低、效率高的特点,其他的方法常作为辅助方法使用。

　　海洋地球物理勘探船是一种伴随地球物理勘探技术诞生的新型船舶,其工作原理是利用漂浮在一定深度的高压空气枪阵列在水中突然释放高压空气产生强烈的震动波传入海底,当震动波在海底下遇到不同介质地层,岩层深度会产生不同的反射波传出海底,被漂浮在一定深度的数控电缆上的声波接收传感器接收,产生各种不同的电信号通过计算机的放大、滤波、采样、模数转换变成数字数据记录下来。记录的数据经过船上或陆地上大型计算机的处理解释、分析,就可以确定被勘探区域的海底地貌与地质构造,以此判断是否有生油和储油的条件,为油气等资源的开采钻探提供可靠的地质资源资料。

　　地球物理勘探船主要应用于矿产资源开发、工程建设和环境保护等方面,与海洋调查船、科学考察船、水文测量船、工程勘察船等同属于海洋调查类船型。海洋油气资源的开发,首先要利用海洋勘探船对海底进行地球物理勘探,以了解海底地质类型和构造,精确查明沉积岩不同层位的状态、构造和岩性以及沉积盆地和其中的局部构造和沉积环境,寻找海底地层油气储存构造,因此进行海底地球物理勘探是查明海底存有油气资源极为重要的技术手段,为海洋油气资源的开发提供依据。地球物理勘探船是用于海底地球物理勘探的大型海洋工程作业船,是海洋油气资源开发工程中不可缺少的技术装备。

　　目前世界物探船保有量为 164 艘,由 26 家物探船船东持有。物探船船东主要集中在欧洲,在美国、中国和阿联酋的等国家也有少量分布。挪威不仅拥有大量物探船,同时也是物探船配套设备和建造船厂最集中的国家。

　　目前中国有 5 家物探船船东,物探船 19 艘,这些物探船主要集中在中国海洋石油总公司旗下的中海油田服务股份有限公司,少数分散在中国石油天然气集团公司下属的东方地球物理探测有限责任公司和中国石油化工集团公司下属的上海海洋石油局以及国土资源部广州海洋地质调查局。中国物探船队数量少,物探能力不高,仅有 1 艘 12 缆三维物探船("海洋石油 720")、1 艘 8 缆三维物探船("海洋石油 719")、2 艘 6 缆三维物探船、2 艘 4 缆三维物探船,其余都是二维2~3缆的小型物探船。

进入21世纪,海上拖缆物探船的作业效率和采集技术得到了进一步提高,目前达到拖缆24条、6 000 m以上采集电缆进行高密度采集作业的能力。目前的发展趋势:

(1)拖带更多更长的电缆,预计不久将出现30缆以上的物探船;

(2)安全高效的收放存储系统,多缆施工必须有高效的辅助设备以保证施工效率;

(3)高性能及高可靠的专业勘探设备;

(4)提高勘探设备水下维修能力。

"海洋石油720"(图8.1)是领先亚洲的最新一代三维地震勘探船,是目前我国自行负责对国外方案进行整体设计优化和全部详细设计,并与2011年4月22日交付使用的第一艘大型、三维深水地球物理勘探船。该船可拖带双震源和12根8 000 m电缆,高效、精确、大面积、高质量地进行三维地震采集作业。迄今为止,"海洋石油720"船创造了物探历史日航行160.825 km,日采集面积96.495 km^{2}的好成绩,开创了我国物探史上的新篇章。

图8.1　海洋石油720

"海洋石油708"(图8.2)是全球首艘集钻井、水上工程、勘探功能于一体的3 000 m深水工程勘察船。该船与2011年12月建造完成,船长105 m,船宽23.4 m,电力推进,动力定位DP-2,最大航速14.5 kn,适应作业水深3 000 m,配置深水多波束、ADCP、名义钻深3 600 m作业能力的深水工程钻机、深水海底23.5 m水合物保温保压取样装置、150吨工程克令吊,可在7级3 m浪高的海况下作业。该船主要用于模拟工程物探调查作业、单电缆二维高精度数字地震调查作业、工程地质钻孔作业、海底地表采样、大型海洋工程起吊作业和起降直升机等。"海洋石油708"的完工交付填补了我国在海洋工程深海勘探装备领域的国内空白,在南海油气田的勘探开发上将起到重要作用,标志着中国海洋工程勘察作业能力从水深300 m提升到了3 000 m。

图 8.2　海洋石油 708

8.2　起　重　船

起重船是专门用于起重的工程船,甲板上装有起重设备,专供水上作业起吊重物用,又叫浮吊、吊船。起重船不仅是港口船舶装卸的重要工具,而且在港建水工作业、造船工程、桥梁建筑、水下救捞以及各种海洋工程中均具有广泛的用途。内河、港湾使用的非自航起重船,通常在方箱驳船甲板上设置起重机或吊杆,另再配置动力装置、移船定位设备、船舶系统及生活设施等,若自航则再加装推进系统。

在欧洲,早期专门用于码头作业的起重船在 14 世纪就已经出现了。到了 20 世纪,起重船开始向大型化发展。1997 年,大型起重船的起重能力已达到 $2 \times 7\,100$ t。

21 世纪以来,我国和东南亚地区海上工程建设不断增多,如南海、东海的油气开发,海上风电场的建设,跨海大桥、人工岛建设,以及一些大型打捞工程,都需要起重能力强的大型起重船,因而建造大型起重船兴起了一个小高潮。大型回转起重船简称为起重船。常用两类船型,即单船体单起重机式的 MHCV(Mono Hull Crane Vessel)和半潜平台船体双起重机式的 SSCV(Semi – Submersible Crane Vessel)。有别于在内河、港湾作业的另一种用途较广的扒杆式起重驳船 SLB(Sheer Legs Barge)及自升式起重平台等。2001 年中海油工程公司建造了"蓝疆号"起重铺管船,起重能力为 3 800 t。2006 年,广州打捞局建造的 4 000 t 起重船"华天龙"号投入使用。2008 年建成交船的"蓝鲸"号起重船的起重能力为 7 500 t,该船的起重机是现今装船最大起重能力的全回转起重机,堪称该种类起重船中的巨无霸。2008 年又建造了 3 000 m 深水起重铺管船"海洋石油 201",起重能力为 4 000 t,2011 年交船。另外,Seaway Heavy Lifting 公司建造的起重能力为 5 000 t 的新一代起重船,已于 2010 年交船。Nordic Heavy Lift 公司建造的"Borealis",采用桅式起重机,最大起重能力为 5 000 t,2011 年交船。2016 年,振华重工自主建造的世界最大 12 000 吨起重船在上海长兴岛基地交付,并在现场命名为"振华 30 号"。表 8.1 列出了部分现役的大型起重船的起重能力,图 8.3 统计了国内起重船起重能力数量分布状况。

第 8 章 海洋工程辅助船

表 8.1 大型起重船的起重能力

船名	船东	船体类型	建造年份	起重能力 固定吊(t×m)	回转吊(t×m)
Hermod	Heerema	半潜式	1978	3 628×39	2 700×30.5
				4 536×40	4 536×32
Balder	Heerema	半潜式	1978	2 720×33.5	1 980×27.5
				3 600×37.5	2 970×33.5
DB101	J. Ray McDermott	半潜式	1978	3 500×24	2 700×24
Thiaf	Heerema	半潜式	1985	7 100×31.2	7 100×31.2
Saipem7000	Saipem	半潜式	1986	7 000×42	6 000×45
DB 27	J. Ray McDermott	单船体	1974	2 400×30.5	1 400×35
DB 30	J. Ray McDermott	单船体	1975	3 080×33.5	2 300×24.4
Saipem3000	Saipem	单船体	1976	2 177×39.6	2 177×39.6
大力	上海打捞局	单船体	1980	2 500×45	500×35
Stanislav Yundi	Seaway Heavy Lifting	单船体	1985	2 500	2 500
DB 50	J. Ray Mc Dermott	单船体	1988	4 400×36.9	3 527×25
Castoro 8	Saipem	单船体		2 177×39.6	1 814×33.5
蓝疆号	中海油	单船体	2001	3 800×30	2 500×44
奋进号	中交四航局	单船体	2004	2 600	
天一号	中铁大格局集团	单船体	2006	3 000	
华天龙	广州打捞局	单船体	2006	4 000×40	
风范号	中交三航局	单船体		2 400	
Sapura 3000	Sapura Acergy	单船体	2008	2 952×27	2 000×45
蓝鲸号	中海油	单船体	2008	7 500	2 156×31
威力	上海打捞局	单船体	2010	3 000×40	7 500
Oleg Strshnov	Seaway Heavy Lifting	单船体	2010	5 000×32	2 060×27.4
SAMSUNG5 号	三星重工	单船体	2010	8 000×57	
Borealis	Nordic Heavy Lift	单船体	2010	5 000×34	
海洋石油 201	海油工程	单船体	2011	4 000×43	4 000×41
华西 5000	华西村海洋工程	单船体	2012		5 000
秦航工 1 号	蛟龙打捞航务工程有限公司	单船体	2012	2 200	
德浮 3600	烟台打捞局	单船体	2014	3 600	
正力 2200	正力海洋工程	单船体	2015	2 200	

表8.1(续)

船名	船东	船体类型	建造年份	起重能力	
				固定吊(t×m)	回转吊(t×m)
长天龙	武汉长江航道救助打捞局	单船体	2015		3 500×33
振华30号	上海打捞局	单船体	2016	12 000	7 000

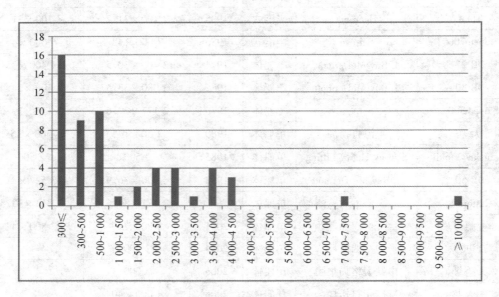

图8.3 国内重型起吊船能力数量分布图

8.2.1 起重船的技术特点

起重船是技术形态较复杂的工程船,除了涵盖常规船舶的技术特点外,还具有特殊的性能和要求。

(1)起重船总体特点

起重船与常规船在线型、主尺度和装载方面有很大的差别。

①甲板面积大,以便安装起重机。

②船舶宽度与吃水之比也远远超出常规船,起重船一般为4~8,常规船约为2~3。

③起重船船型以箱型居多。

(2)起重船稳性特点

起重船稳性特点是由其作业的特殊性决定的。

①在极短时间内起吊数千吨重物,即在短时间内船舶排水量急剧增加数千吨之多。

②按规范,起吊重物的重心要算在吊钩以上的上滑轮心轴上,该点距水面数十米,甚至上百米,使全船的重心一下提高很多,对船舶稳性极其不利。

③起重重物的质量与吊幅的乘积产生巨大的倾覆力矩,对浮态产生很大影响(而且是在数分钟内发生),静横倾角可能达到 7~8°,甚至更大。为了使船舶处于安全浮态(一般横倾 <5°,纵倾 <2°),必须在反向加载大量压载水以部分抵消吊重产生的横倾力矩,这样一来,船舶的排水量及吃水再度增加。

④回转起重机在船的两舷带载回转时,巨大的倾覆力矩在短时间内反向,原来的压载水也必须迅速地反向调载,否则会造成船舶倾斜加剧,并使回转机构处于下坡运转状态,这是非常危险的。为了迅速地调载,大起重船的压载泵容量都比较大,如 4 000 t(回转)起重船的压载泵容量为 $4 \times 2\,200$ m³/h。

8.2.2 起重船的特性

1. 船型

大型起重船主要有单体式和半潜平台式 2 种船型。

(1)单体式

单体式起重船最初采用驳船船型,后来发展为简单型线船型。其主要特点是方形系数大(C_b =0.9 左右),平行中体长,中剖面系数大。起重作业时,要求有足够的稳性,因此一般水线面面积都较大。

(2)半潜平台式

半潜平台式起重船主要由 2 个下浮体、多个立柱和上平台组成。下浮体提供拖航和作业时所需的浮力;立柱主要用于连接浮箱和上平台,其截面一般为圆形或矩形。作业时,下浮箱和部分立柱沉入水中,水线位于立柱截面,这样可大大减小水线面面积及波浪和水流作用在平台上的载荷,而其较大的水线面惯性矩又提供了平台作业时所需的稳性。上平台是存放设备和人员居住工作的主要场所。半潜平台式与单体式船型相比,有起重能力强、适应水深广、抗风浪能力强、甲板面积和甲板装载量大的优点。

2. 主尺度

(1)船长

大型起重船一般都需考虑铺管作业线的布置,其船长往往由铺管形式(单节管或双节管)等确定,通常船长 150~200 m。

(2)船宽 由于起重作业时的高稳性要求,因此一般大型起重船的船宽都比较大。单体式起重船的船宽与相近船长的半潜平台式起重船相比要小得多,因为单体式起重船的起重能力,除个别实例外,均在 5 000 t 以下。初步统计,起重能力 2 000~3 000 t,船宽主要集中在 35~40 m;起重能 3 000~5 000 t,船宽主要集中在 45~50 m。

(3)总吨位

由于大型起重船配备锚泊定位或动力定位、各种特种作业设备(包括大型起重机、整套铺管作业设备等)、复杂的压载系统等,因此总吨位都较大。目前大型起重船的(起质量 3 000~14 000 t)总吨位为 20 000~40 000 t。

3. 总布置

大型起重船(包括单体式、半潜平台式)主甲板首部一般设有甲板室,主要布置船员以及施工人员的生活居住舱室和部分工作舱室。甲板室一般有 6~8 层,最上层是驾驶(操纵)室。甲板室顶部一般设直升机起降甲板,为接送人员往来提供便利。

单体式起重船一般在主甲板尾部中心线处设一台全回转起重机,半潜平台式起重船一般在主甲板尾部两侧设 2 台全回转起重机。与单体式起重船相比,半潜平台式起重船的 2 台起重机联合作业,可大大增强起重能力,目前最大起质量达 14 200 t。甲板有 2 000 ~ 6 000 m^2,且承载力强,一般 10~20 t/m^2,主要用于放置各种作业设备、海底管线、大型钻井生产模块等,为海上施工提供良好的作业平台。

4. 机动能力

20 世纪 60 年代,由于海上石油开发的技术刚刚兴起,勘探开发成本比较高,海上油田主要集中在北海、墨西哥湾等地区。为海洋工程建设服务的大型起重船作业范围也主要集中在这些地区,采用非自航形式,或航速较低(6 kn 左右),主要满足短距离航行的要求。近年来,随着海洋工程的发展,施工作业范围越来越广,因此设计航速有不断提高的趋势。

5. 定位方式

在二十世纪七八十年代,大型起重船的作业范围主要集中在大陆架及浅水水域,一般水深较小(水深 < 150 m),主要采用 8~12 点的锚泊定位方式。随着深海的开发,大型起重船的作业水深不断增加,以前的锚泊定位方式已不能满足要求。动力定位系统利用 DGPS 等测位设施,对风浪流造成的船舶位移进行判定,自动产生抗力,定位精度误差可达到 0.5 m,而这一切都由电脑控制自动完成。一些大型起重船纷纷进行改装,增加动力定位系统,以适应深水作业的需要。

6. 动力配置

由于起重船航行时不作业,作业时不航行的特点,因此推进方式一般都采用全电力驱动的方式,以提高装船动力装置的利用率。为兼顾动力定位的需要,推进器一般采用全回转推进器(包括伸缩式和不可伸缩式)。

虽然大型起重船航速不高,但用电设备众多,如大型全回转起重机、主要作业设备(铺管系统等)、动力定位系统(或锚泊定位系统)、日常生活设施等都需要电力驱动,作业时其能量消耗十分巨大,为此大型起重船的电站配置都很大。一般非动力定位起重船电站功率 3 000~15 000 kW,而具有动力定位的起重船电站功率达 10 000~30 000 kW。

7. 压载系统

起重船在起吊作业时,起吊重物质量大、重心高、跨距远,整个系统的质量分布是变化的,重心的位置会发生偏移,因此起吊前后船舶会产生明显的纵倾或横倾,如果不进行调载就不能满足起重机作业的要求。大型起重船一般采用压载水进行预压载和动态调载的方法来平衡重吊过程中的船舶浮态。现代起重船都采用电气遥测、遥控的压载水系统,能在较短的时间内精准地调整船的浮态,船上一般设有多个压载水舱,总压载水舱容 15 000 ~ 80 000 m^3,压载泵的排量也很大。

8.3 半潜运输船

半潜运输船(Semi-submersible Heavy Lift Vessel)又称为半潜重载船(Heavy Lift Submersible Deck Cargo Vessel),该名称是基于其操作模式来定义的。在运输大型海洋工程结构物时,半潜船的压载水舱先泵入压载水,使主船体部分压至水面以下的一定深度(此时,上层建筑及甲板机械仍处于水面以上),然后将所需载运的结构物移至半潜运输船甲板上方,定位后开始排放压载水,直到半潜运输船上浮至预定的水线,将结构物承载在甲板上。半潜运输船的这些特征使其不仅能承运那些通过吊装和滚装至甲板的重大件货物,还能以其独特的半潜功能浮装浮卸尺度、体积或质量上更为巨大的货物,而重吊货船、滚装货船和起重船无法承受操作的大型海洋结构物。

8.3.1 半潜运输船主要特点和性能

半潜运输船也称半潜式母船,在运载货物运输时通常处于正常吃水状态,在进行海洋结构物安装和卸载时则多数处于下潜状态。在船体的内部设有数目众多的压载水舱,在作业时的上浮和下潜状态均需依靠排出和打入压载水来完成。半潜运输船的工作流程主要分为三步:

(1) 通过注入压载水把装货甲板下潜到一定深度以满足所承货物的吃水深度;

(2) 通过动力定位系统将所需运送的货物从指定位置漂浮到半潜运输船的甲板上方;

(3) 将货物与半潜运输船通过缆绳等方式固定并排出压载水使半潜运输船上升到指定高度。

半潜船是一种发展中的船型,许多性能尚未充分掌握,有待进一步研究,但其所具有的特性,使它成为有巨大发展前景的新船型。半潜运输船的半潜功能是相比于其他运输船在船型上具有的最独特地方。由于运载货物的尺寸、质量和形状均不相同,半潜运输船需要提供足够大的承载甲板来承载它们,因此半潜运输船的主尺度比值(船长船宽比)相比与其他种类运输船的主尺度比值有较大差别。其中主要体现在船宽的尺寸上,相比于传统运输船,半潜运输船船宽较大,这也恰好是为了承载大型不可分割海洋结构物的特定要求。宽敞的甲板面积加上水上箱形舱室空间使得半潜运输船对于货物的安装和装卸极为方便,可大大提高其装卸效率。尤其是"海上马车"型半潜船,载货甲板与主船体可以分离,减少了主船体的在港口停留所花费的时间,缩短了运输周转周期,增大了经济效益。图8.4所示为一艘装载TLP平台底座的半潜运输状态的半潜运输船。

由于半潜运输船的主尺度特点,一般就把半潜运输船设计为变纵流线型。这种船型在满足快速性需求的同时也可以较好的解决船身与运载货物在安装和卸载过程中的撞击问题。半潜船由于主船体潜入水下,减少了波浪扰动的船舶运动,在波浪中的增阻失速也小,具有优良的适航性能。大为缩小的水线面面积,使半潜船具有波浪阻力小的优点,对高速船舶特别有利。对于要求"全海候"作业的特种船舶,或要求准点、舒适的快速客轮,半潜船均能适应其要求。与此同时,半潜运输船还采用球鼻艏作为船首来降低在水中航行的阻

图 8.4　半潜运输状态的半潜运输船

力,并在侧推进器的布置上提供安装的平台,在艉部设计上采用分水踵来改善船的航向稳定性,减少艏摇偏移,提高其工作的安全性。出于对半潜运输船的吃水限制以及回转性能和动力定位的需要,一般半潜运输船均采用双主推进器与船首、船尾分别双侧推进器的混合推进器装置搭配。较高的推进系数与抗空泡能力,使半潜船有较高的推进效率。同时,由于推进器潜深较大,不易吸气,因而隔音性能较好,噪声较小。

另外,半潜船船体各部分的几何形状多为简单的圆形和方形,加工方便,且上体、下体和支柱有完全不同的形式,可以分段设计和建造,从而可以一方面缩短建造周期,另一方面根据不同的性能和用途的需要,选择不同的装备,便于半潜运输船的系列化建造。对日后的维修和升级工作也带来了很大的便利。

半潜运输船在符合货船规定要求的稳性之外,还必须满足其在特定或极限海况下的上浮/下潜稳性。从它的船体结构形式和总纵强度来看,半潜运输船只有船首塔楼区域采用横骨架式结构,而在其他位置全部采用纵骨架式结构。一般情况下,在半潜运输船的上层建筑后部及塔楼上设有多台卷扬机用于货物(船舶、平台等)的定位及固定。

除此以外,相比于传统运输船舶,半潜运输船还具有其他四大优点:

(1)使用方便的滚装装运方式并利用绞车将货物经后部跳板移至货物甲板,固定后即可开始运输,效率远远高于传统的海上运输船舶,节省时间;

(2)具有独特的上浮/下潜功能,利用压缩空气来控制其下潜;

(3)有先进的动力定位系统,有较大的系统冗余,确保装运以及安装的安全性和精确性;

(4)具有多功能性,可以装运大型挖泥船、铺设海底管道和海底光缆电缆、进行打捞失事船舶或潜艇作业等。

然而,半潜船也有其不容忽视的不足之处,如由于船体形状设计相对分散,会造成船体结构质量增加,自重较大,有效载荷低,湿表面积过大,因此会导致半潜运输船在低速航行时的阻力较常规船舶高;由于运输船舶要求很高的经济指标,而运输船的航速均较低,这就使半潜船处于不利地位,在经济性上不如常规船;下体空间小,支柱狭窄,给内部吊装维修带来一定程度上的困难;同时,半潜运输船不论载货量如何变化,都要以一定吃水航行,故需经常性的调整压载水舱压载,使得航行中增加了不必要的燃料消耗;半潜运输船船型吃水大,船身宽,在经过部分航道港口时会比较麻烦。

8.3.2 半潜运输船国内外发展历程

由于半潜运输船的特殊强大功能是以其高科技含量为支撑的,故而,设计和建造该类船的技术难度大、门槛高,从事半潜船远洋运输的航运企业很少。至2009年,世界上拥有大型半潜运输船舶的航运公司基本上只有五家,他们分别是Dockwise,Offshore Heavy Transport(OHT),中远航运(COSCOL),Fairstar Heavy Transport(FHT)和SeaMetric International。但截至2016年止,半潜船航运公司数目有了变化,详细数据见表8.1。

表8.1 各半潜船公司现有半潜船数量

半潜船运营商	船队保有量
荷兰 Dockwise	22
中远航运	7
挪威 OXL(Ocean Heavy lift)	4
上海振华港机	4
STX 泛洋	3
荷兰 Rolldock	2
韩国 CJ 公司	2
华润大东	2
OIG 近海安装公司	3

目前,荷兰的Dockwise航运公司几乎垄断了全球半潜船的营运市场,使其的运输完全处于一个垄断竞争型的专业行业。该公司总共拥有22艘大型半潜船。Open-Stern型5艘(Blue Marlin,Black Marlin,Mighty Servant1,Mighty Servant3,Transshelf),Closed-Stern型10艘(Transporter,Target等6艘,Swan等2艘,Swift等2艘),Dock型5艘(Yacht Explorer等3艘和Super Servant3,Super servant4),该5艘"坞型"半潜船主要用于游艇的越洋运送。而2013年新下水的Vanguard,Whitemarlin,进一步提高了Dockwise公司的运输能力。

在2002—2003年,广船国际股份有限公司为中远航运股份有限公司(COSCOL)新建了两艘18 000 t半潜运输船——"泰安口"和"康盛口",这两艘具有"全能冠军"和"亚洲第一船"美誉的半潜船成为了中远打造特种运输船队的主力船型,投入营运后,美国、挪威、新加坡、韩国等国家和国际大型石油企业纷纷要求合作,两艘半潜运输船的运输合同均排得满满的,取得了十分显著的经济效益和社会效益打破了半潜船国外垄断的现状。

半潜运输船的发展历史要追溯首先到1972年。1972年,首先有人提出了采用半潜船的方式进行运输,即通过打入或排除压载水来实现驳船下潜与上浮,从而实现对货物的运输。1976年9月,由荷兰Wijsmuller航运公司设计、日本住友重工建造的半潜驳船Ocean Servant 1号交付使用。此船载重量为12 500 dwt,在船首和船尾左右两舷都设立了浮力箱,这样就可以保证船身在水平下潜的时候不受水深的影响。该船另外一大特点则是该船配置了两台500 hp①(Horsepower)的全回转推进器。在Ocean Servant 1号交船不久,它的姐妹船Ocean Servant 2号也投入使用。

1979年,世界上第一艘半潜运输船,即自航式半潜运输船Super Servant 1诞生。在接下来的一段时间之内,大量的半潜运输船开始建造并投入使用,如Dan Lifter和Dan Mover(后来分别被更名为Super Servant 5和Super Servant 6)。1981年,Dyvi Swan(后来被更名为Sea Swan)投入使用并成为了当时最先进的半潜运输船。一直到1984年另外三艘后续船Tern号、Swift号和Teal号分别投入使用。这四艘半潜运输船都是由经过油轮改装而成的。

1982年,两艘新型半潜运输船Sibig Venture(1994年改进)和Ferncarrier(现名Asian Atlas)投入使用。这两艘船在船体设计上与以往有所不同,它们采用了直通型甲板来代替原来的短窄型甲板。同年,丹麦Lauritzen公司建造了Dan Lifter号和Dan Mover号半潜运输船。

1983年到1984年间,Wijsmuller公司又建造了Mighty Servant 1号、Mighty Servant 2号和Mighty Servant 3号半潜运输船。这三艘船尺度和吨位较前者都有较大提升,从而使之可以运输更大、更重的货物。

1985年4月,Wijsmuller公司收购了Dan Lifter号和Dan Mover号半潜运输船,并将它们分别改为Super Servant 5号和Super Servant 6号。1987年,前苏联建造了一艘半潜运输船Transself号。该船船长173.0 m,宽40 m,型深12 m,吃水8.8 m,最大下潜吃水21 m,甲板面积132×40 m²,载重量为34 030 t,航速为14 kn。自1990年4月起,此船长期由Wijsmuller公司代为经营。

1999年,在经历了12年的低谷时期之后,新型半潜运输船Black Marlin投入使用。它的姐妹舰Blue Marlin在2000年也交付使用。其中,Blue Marlin由台湾中船集团高雄小港造船厂建造(HNO.725),最初为挪威奥斯陆海上重型运输公司所有,2001年7月6日转卖给荷兰DOCKWISE公司。

大多数在役的半潜运输船都经过了改装。1999年,Mighty Servant 1经过改装,船长增大了30 m,船宽增大到了50 m,并且它的极限吃水深度到达了26 m,可浸没甲板14 m。

2000年,经过了世界海洋运输公司的兼并和整合,世界上拥有半潜运输船的海洋运输公司只剩下Dockwise Shipping BV和NMA Maritime & Offshore Contractors。由于这一领域的竞争力大幅度降低,再加上石油价格的不断上涨,海洋石油相关设备的不断建造,深海石油开发日益被视为重中之重,半潜运输船的地位上升到了一定高度。自然而然的,更多新兴公司开始向这一领域进发。

2002年,"泰安口"号和它的姊妹舰"康盛口"号分别投入使用。其中,"康盛口"号在设计上与大趋势有所不同。它的设计与第一代的半潜运输船极其相似,用窄小型甲板代替了

---

① 1 hp = 0.735 kW

流行的直通型甲板。后来,"泰安口"把船宽从32.3 m加到了36.0 m以增大它的载重量并增加船体稳性。2008年,"康盛口"也把船宽改为36.0 m。

2004年,Blue Marlin经过改装,把船总宽度加大到了63 m。在这次改装中,该船还增加了2个4 500 kW的全回转推进器,并且把极限吃水升为28.4 m。这也使"Blue Marine"号一跃成为世界上最大的半潜运输船,如图8.5所示。

图8.5 运输状态的半潜运输船"Blue Marine"号

2006年12月,Mighty Servant 3在西非卸载一个钻塔时发生事故并沉没。不久,在打捞上来以后被运到南非进行调查取样接着送到巴哈马进行维修和升级。在2008年底,该船经过维修重新服役。Dutch towing company Fairmount Marine BV公司对已有的两条50 000 t排水量的半潜运输船Fjord和Fjell分别进行了改装。在其原来的基础上加装了推进系统,球鼻艏和船首楼。前者在改装同时还延伸了甲板长度12 m。载重量也上升到24 500 t。两条船都是在马耳他船厂进行改装并分别在2007年12月和2008年年底交付使用。

2007年11月,中国船舶有限公司预定了除"泰安口"和"康盛口"以外的两条半潜运输船,分别为"祥云口"号和"祥安口"号,并且两船将分别在2010年和2011年交付使用。这两条在建的半潜运输船排水量为50 000 t,甲板面积为$(177.6 \times 43.0) m^2$。并且,该船对船尾部的箱型结构做了优化,艉部的两个大箱型结构都可以移动,从而可以使货物沿甲板轨道移进艏部上层建筑中的专门设计的区域,这样可以更加方便大型货物的运输和安装。

世界上拥有半潜运输船最多的公司是荷兰的Dockwise公司,该公司是荷兰特种超重型海运的专家,其旗下的半潜运输船队由22艘半潜运输船组成,包括Blue Marlin,Black Marlin,Mighty Servant 1,Mighty Servant 3,Transshelf和Transporter等。委托韩国现代重工建造一艘逾11×10^5 t的半潜式重型运输船(Type 0型号),合同连设计、研究经费金额高达2.4亿美元。这种船型的第一艘船VANGUARD号于2013年交付使用。这将是全球最先进、大型半潜式起重运输船,光甲板面积足有2个运动场般大,如图8.6所示。

图 8.6 VANGUARD 号半潜运输船

T-0 型,经革命性设计,承重达 11×10^5 t,专门承运浮式生产储油船(FPSO)结构单元,通常情况之下,这类结构需要几个月且用两到三艘艘大型拖船,由船厂拖运至生产基地。但使用该最新型超级半潜起重船,交付时间可减少一半,加速交付和缩短安装和调试期。

我国的中远航运股份有限公司(COSCOL)现在拥有四艘半潜运输船,分别为"祥云口"号、"祥安口"号、"泰安口"号和"康盛口"号。其中,"泰安口"号是中国拥有的第一艘真正意义上的运输超大型海洋货物的半潜运输船,排水量为 18×10^5 t,在 2002 年 12 月正式投入使用,有世界半潜运输船"全能冠军"和"亚洲第一船"之称。该船自从服役开始就忙碌的往来于世界各大水域,进行各个型号、各种类型的海洋结构物、潜艇、军舰等货物的运输。图 8.7 为"泰安口"在运输我国的"基洛"级潜艇。

图 8.7 "泰安口"号运输"基洛"级潜艇图

第8章 海洋工程辅助船

"祥云口"号半潜运输船是一艘可预防海盗袭击大型运输船。2011年1月20日在中国广船国际造船有限公司交付。该船载重量为 5×10^4 t，是目前亚洲地区载重量最大的大型海上工程设备专业运输船，达到国际先进建造水平。"祥云口"号半潜运输船专门加装了防弹盾牌等防海盗设施，全船自动报警点多达 5 500 个，是目前世界上为数不多的具备防海盗功能的远洋特种船舶。

经过对各国半潜船相关文献的详细调研与总结，列出了迄今为止在役的所有半潜运输船详细尺寸等具体信息并按照载重量对其进行归纳，详见表8.2和图8.8。

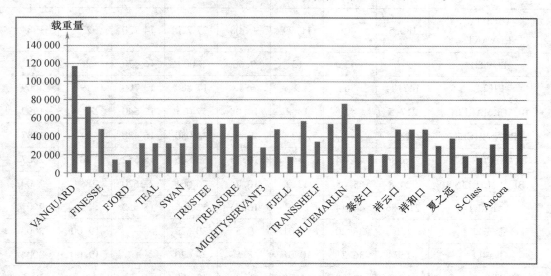

图8.8 半潜运输船载重量分布

表8.2 半潜运输船数据统计

船名	型长/m	型宽/m	型深/m	吃水/m	载重量/t	推力/kW	半潜吃水/m	建造年份/年
VANGUARD	275	70	15.5	10.99	117 000	28 500	31.5	2013
WHITEMARLIN	216.7	63	13	10	72 146	16 728	26	2013
FINESSE	216	43	13	9.68	48 000	16 470	26	2012
SUPERSERVANT3	139.09	32	8.5	6.26	14 138	6 250	14.5	1982
FJORD	159.24	45.5	9	6.11	13 845	13 700	20	2008
TERN	180.96	32.26	13.3	9.46	32 650	11 655	19.64	1982
TEAL	180.96	32.26	13.3	9.46	32 650	11 655	19.64	1984
SWIFT	180.96	32.26	13.3	9.46	32 650	11 655	19.64	1983
SWAN	180.96	32.26	13.3	9.46	32 650	11 655	19.64	1981
TRIUMPH	216.86	44.44	14	10.75	53 806	15 552	23	2008
TRUSTEE	216.86	44.44	14	10.75	53 806	15 552	23	2008

表 8.2(续)

船名	型长/m	型宽/m	型深/m	吃水/m	载重量/t	推力/KW	半潜吃水/m	建造年份/年
TALISMAN	216.86	44.44	14	10.75	53 806	15 552	23	2008
TREASURE	216.86	44.44	14	10.75	53 806	15 552	23	2008
MIGHTY SERVANT1	190.03	50	12	8.79	40 910	14 220	22	1983
MIGHTY SERVANT3	180.5	40	11.99	9.508	27 720	14 220	22	1984
FORTE	216	43	13	9.68	8 000	16 470	26	2012
FJELL	147.24	36	9	6.42	17 880	13 700	19	2009
BLACKMARLIN	217.5	42	13.3	10.08	57 021	12 640	23.34	1999
TRANSSHELF	173	40	12	8.8	34 030	16 420	21	1987
TRANSPORTER	216.86	44.44	14	10.75	53 806	15 552	23	2007
BLUEMARLIN	224.8	63.08	13.3	10.24	76 061	2 3620	28.4	2000
TARGET	216.86	44.44	14	10.75	53 806	15 552	23	2007
泰安口	156	36.20	10.01	7.5	20 620	—	19.00	2003
康盛口	157	36.21	10.01	8.5	20 620	—	19.00	2004
祥云口	216.7	43.00	13.00	9.68	48 000	—	26	2016
祥瑞口	217.7	43.01	13.01	9.69	48 001	—	26	2016
祥和口	218.7	43.02	13.02	9.70	48 002	—	26	2016
华海龙	182.2	43.6	11.00	7.50	30 000	—	23.00	2012
夏之远	192.5	41.50	12	8.80	380 00	—	23.00	2012
ST – Class	151.5	25.4	5.9	5.67	18 768	—	12.5	—
S – Class	142	24	5.9	5.67	17 000	—	12.5	—
WilliftFalcon	191.3	42	11	8	31 809	15 300	29.5	1981
Ancora	214.1	44.5	13	10.11	54 000	13 550	23.5	1989
Hawk	214.1	44.5	13	10.11	54 000	13 550	23.5	1989

8.4 铺 管 船

铺管船是用于铺设海底管道专用的大型设备。多用于海底输油管道、海底输气管道、海底输水管道的铺设。

铺管船根据水深分为深水铺管船和浅水铺管船两种,根据航行能力分为自航式和非自航式。深水铺管船大多为自航式,浅水铺管船大多为非自航式,也称为驳船。铺管船,其船体是铺管设备的载体,铺管船的核心是铺管设备及铺管工艺;铺管设备有张紧器、A/R 绞车、船舷吊、破口机、对口器、爬行探伤器、退磁器、加热器、辅助作业线、主作业线、移管机构、托管架和电焊机等。

铺管船一般通过锚泊系统或 DP(动力定位系统)维持船的稳定性。船上配有吊机和铺管作业线,所有的管路铺设都是主要通过铺管作业线完成。消防水系统可以对火灾进行预警和控制,并可以清洗船甲板。与一般货轮(如集装箱船,散货船,化学品船)不同的是,上层建筑一般位于船的首部,并配有直升机甲板。

经历了几十年的发展,S 型铺管船已经逐步成为海洋工程船舶当中的主力军。在海底管道铺设的工程实践中,发挥了无可比拟的巨大作用。

随着海洋环境的变化和人类的发展,管道铺设的水深也伴随着科技和人类的需求而逐步增加。随之而来的必然是铺设难度的增加,铺管船自然也就经历了不断地更新和发展的过程。到目前为止,S 型铺管船已经经历了四代的发展。

第一代:主要的船型为驳船型构造,这样的 S 型铺管船从建造工艺上来说结构相对较为简单,其安装特点是管道的安装基本就在露天甲板之上来完成。此外,由于技术上的缺陷,第一代 S 型铺管船没有配备动力装置,它的运动是依托拖船来完成。与此同时,管道的顶端并没有张紧器作为固定,因此管道十分容易发生屈曲和扭曲,造成施工上的巨大困难。

第二代:相比较上一代的铺管船而言,第二代铺管船在铺设水深方面有了较大的进展。托管架和张紧器的出现,成为了第二代铺管船标志性的改善,它们能有效地控制管道的曲率和应力,防止管道在铺设过程中发生巨大地形变,不仅提高了管道安装的安全性和可行性,而且也大大改善了铺管的能力。从定位角度而言,采用的是锚泊式定位。但是从船型角度而言,第二代铺管船还是主要以驳船为主。

第三代:船型上发生了较大的变化,主要以半潜式船为主,其船体规格与第二代相比较而言更加庞大,因此第三代铺管船在面对恶劣海况条件下,其铺设性能更加稳定。在 20 世纪 70 年代,世界上首艘第三代-半潜式铺管船"Viking Pipe"建成,同时也是标志着新一代铺管船的到来。

第四代:又可称为"动力定位系统铺管船",因为这一代的铺管船最大的特点是在其定位方式上,过去三代铺管船的定位方式主要采用的是锚泊式定位,其能动性和实用性相对较差。然而第四代铺管船在定位方式上引进了动力定位系统,从而在铺管作业的效率上有了显著的提高。于 1985 年,世界上首艘配备动力定位系统的铺管船"Lorelay"建成,相比较于前三代的铺管船,DP 系统的应用明显改善了"Lorelay"对恶劣海况的适应能力。随后

"Solitaire"的建成,如图8.9,标志着最大的第四代铺管船的诞生。它所能铺设的管道直径不逊色于传统的J型铺设,但在铺管效率上却远远高于后者,同时也在S型铺管船当中处于领先的地位。

图8.9 深水起重铺管船"Solitaire"

我国最早的第一艘铺管船于1987年引自新加坡,称为"滨海109",预示着国内铺管事业的开端。表8.4给出了目前在国内几艘主要的铺管船概况:

表8.4 国内铺管船主要参数

名称	滨海106	滨海109	蓝疆号	海洋石油202	海洋石油201	胜利902	中油海101
总长/m	80	91.44	157.5	168	204	118.8	123.78
型深/m	5	6.7	12.5	13.5	14	8.4	6.5
型宽/m	23	28.35	48.8	46	39.2	30.4	32.2
吃水/m	2.5	4.025	8	9	7~10.8	5	4
最大载重量/t	300	318	3 800	1 200	4 000	1 800	—
铺设水深/m	—	—	—	300	15~3 000	100	2.5~40
A & R 绞车/t	34.6	45	165	425	400	—	75
张紧器/t	1×22.5	1×66.6	2×72.5	3×125	400	2×75	75
工作站	2	4	10	7	7		

8.5 三用工作船(AHTS)

所谓的三用工作船,英文全称为 Anchor handling/Towing/Supply/vessel(简称 AHTS vessel)。对于三用工作船的传统功能定义如下:该类型船舶是主要为海上石油工程提供多种特点作业服务的深水作业三用型工作船,航行于无限航区/近海航区。船舶能低速巡航于海上石油平台附近,随时随地听候海上石油平台的指挥与调遣,如图 8.10。载至 2014 年 4 月,全球共有 AHTS 2885 艘,在 AHTS 中,功率在 5 000 ~ 10 000 hp 的较多,占总数的 49.8%,10 000 hp 以上的船属于紧缺船型,占总数的 18.9%。

图 8.10 三用型工作船

1. 三用工作船的主要特点

(1)从船舶操纵性方面考虑,该类船舶总长度一般在 50 ~ 80 m 之间,船体型宽一般根据船长的不同设计为 12 ~ 20 m。并且为了适应恶劣海况作业特点及提高船舶稳性,型深可以达到 8 m 甚至更大。

(2)根据三用工作船的作业特点,该类船舶的生活区域和工作甲板的设计布置要求不同于一般意义上的货船。为了便于平台装卸货以及起抛锚作业时的船长操作视野要求,一般生活区以及驾驶台布置在靠近船首位置(约占全船总长度1/4 左右)。生活区至船尾之间则是装卸货区域以及起抛锚工作甲板,为了方便平台货物的吊装以及保证吊装的安全,所有的平台物料及设备都会尽量放置在约 4 m(12 尺)的集装箱中或安装吊装索具。开放甲板的面积大小就直接决定了三用船的甲板载货能力。

(3)同样是因为船长操作视野要求的原因,三用工作船无论是做平台供应还是起抛锚作业,都是用船尾靠近平台,所以所有的海上油田三用船的驾驶台都有双套船舶操纵控制台,一套布置在船首方向,在平时航行时使用。而另一套则布置在后驾驶台,面向船尾,这套控制站就是船长靠近平台操作时所使用的。这种设计也是三用工作船区别于普通货船的特点之一。

(4)海上油田三用船不但能够装运甲板货物,还能够为海上平台供应轻质或重质燃油、生活饮用水、钻井用水泥、油基或水基泥浆、钻井用盐水等散装物料,所以三用工作船在建造时就需要考虑多种物料舱室的管系、舱容及布置等要求。由于此类散装货物装载作业需求特点,也从另一个角度增加了三用工作船的抗沉性,因为抗沉性是指船舶遭受海损事故而一舱或数舱进水后,仍能保持一定的浮性与稳性不致沉没和倾覆的能力。三用工作船舶在使用过程中也有可能发生海损事故,造成船体破损,海水进入船体内。这种海损事故虽然是偶然性事件,但它会造成严重的后果,甚至会使生命财产遭到重大损失。因此,在船舶设计阶段,就需要考虑抗沉性问题。船舶的抗沉性是用水密舱壁将船体分割成适当数量的舱室来保证的,要求当一舱或数舱进水后,船舶的下沉不超过规定的极限位置,并保持一定的稳性。

(5)主机马力大,根据作业海区的特点,总功率范围一般从 6 000 匹[①]至 16 000 匹不等。且多数采用主机转速范围从 700 r/min 至 1 000/r/min 之间的中速柴油机。主机通常选用双/四机双桨配置,并采用可调螺距控制方式改变螺旋桨的推进力量。该类船舶一般在船首及船尾安装一至两台管道式侧向推进器,以保证其在靠平台作业时保持船首向及基本船位不变,能够与平台保持相对稳定的安全距离。

(6)三用工作船的甲板机械设备比较特别,主要包括大件拖带作业所需要的主拖缆机、平台起抛锚作业所需的工作缆机、作为甲板工程作业辅助用的立式小绞车以及为起抛锚作业配套的拖缆肖(TOWING PIN)以及鳖鱼牙(SHARK JAW)。

2. 三用工作船的应用范围和功能局限

三用工作船的应用范围,三用包括海上石油平台生产所需物料的供应能力,能为海上石油平台提供多种物资和材料,如钻井物资和器材、钻井钢管、散装水泥、钻井水、钻井泥浆、淡水、盐水、燃油及生活用品等,并且能进行抛起锚作业及进行平台和大型船舶的拖运作业。大部分平台三用船具有一级对外消防灭火作业能力、海面消除油污作业能力、营救作业能力,能搭载获救人员,以及能够对储油轮及到达的提油轮进行拖带和捞取油管作业,协助其进行提油。

特别是在 2010 年 4 月 20 日美国墨西哥湾"深水地平线"平台发生爆炸事故及大面积原油泄漏事故之后,全世界范围内的海上石油作业安全标准也得以重新审订。目前而言,三用船的对外消防灭火作业能力、海面消除油污作业能力、营救作业能力越来越被业界所重视。

当然,任何一种船型都会存在一定的使用局限,那么三用工作船的使用局限主要如下。

(1)航速较慢。由于船型结构的限制,该类船舶的经济航速一般在 11~12 kn 左右,最大航速也只有 14 kn。

(2)传统设计的油田三用工作船普遍船体型深较小、干舷较低。目前绝大多数在我国海域营运的油田三用船的型深和干舷高度无法满足深海油田作业需求。

(3)传统设计的油田三用工作船为了尽可能提高船舶的系柱拖力,都是通过大功率主机直接驱动尾轴转动产生推进力的,所以相比于其他船型船舶,三用船的主机单位油耗相对较高,耗油量较大。

---

① 1 匹 = 0.735 kW

(4)由于装卸货主甲板的面积以及甲板承重能力有限,海上平台如果需要运送一些超大型或超重的结构件或设备时,可能就无法使用三用工作船来运输。

3. 深水三用工作船与传统三用工作船的区别

适合于深水油田作业的三用工作船与传统设计的油田三用船的最大区别即是将传统设计用工作船的功能局限进行改良,提高其作业水深、运输效率以及作业半径范围。具体区别如下。

(1)主机马力较大

深水油田三用船的主机总功率一般均超过 20 000 hp。但是在主机推进方式上采用低碳环保的变频电力推进方式与传统轴系推进方式相结合形式,大大降低平时的运营成本。

传统的深水三用工作船一般采用机械直接推进形式:推进主机+齿轮箱+轴系+带导流管可调桨 CPP 的推进方式。该方式结构简单、设备成熟、系柱拉力高、能够很好满足深水三用工作船各种工况的要求然而该种推进形式在低速工况和动力定位工况下,主机燃油经济性较差,浪费了大量的能源,既不经济也不符合当今越来越严的环保要求。

现在的深水三用工作船采用混合电力推进系统,这种混合电力推进系统可以有三种工作模式:全电力推进模式、全机械推进模式、混合推进模式。综合电力推进系统一般由发电机组、主配电板、推进变压器、推进变频器、推进电机、推进器、功率管理系统、监控系统等设备构成。混合推进形式是机械直接推进与电力推进技术中间的一种折中方案,由于当前大功率电力推进设备的成本还较高,当船舶推进功率较大时,采用混合推进系统的成本相对较低,又能够发挥大部分电力推进技术的优势。

在以往的船舶中动力系统和电力系统是相对对立的两个系统。动力系统通常由常规的热机和其他机械装置构成;电力系统一般作为辅助电源,由独立的中小功率发电机组供电,与船舶的推进并没有直接的关联。综合电力推进技术是将推进系统与电力系统相结合,即动力系统与辅机电站合二为一,是船舶推进最近 20 年发展的新技术。相对于机械直接推进形式,电力推进形式具有诸多优势:布局灵活、有效空间多;运行可靠、生命力提高;操纵灵活、机动性能好;减小振动和噪声、环境更舒适。

(2)经济航速提高

由于深水油田三用船所服务海区远离海岸线,以目前已逐步开展深水油田勘探及生产的中国南海深水油田"荔湾 3-1-1"油田来说,其作业位置距离我国深圳三用船后勤补给基地超过 200 n mile。如果使用经济航速为 11 kn 左右的传统三用工作船,单程航行时间需要 20 h 以上。这样的话,无论是船舶营运的经济性角度还是油田服务的及时性角度都无法满足海上作业者的生产、调度需求。如果使用目前最新型的深水油田三用工作船,经济航速可以达到巧节左右,那么单程航行时间就能够控制在 13 h 以内,这样的话就完全能够满足该油田的后勤调度需求。

(3)加大船体型深、增加干舷高度

所谓船舶的型深是指在船长中点处,从龙骨板上缘量到干舷甲板横梁上缘的垂直距离。若水密舱壁延伸到干舷甲板之上的某一舱壁,该舱壁被登记为有效舱壁时,则型深应量到该舱壁的甲板。

所谓船舶干舷指的是在船长中点处,沿舷侧自夏季载重水线量至上层连续甲板(干舷甲板)边线的垂直距离。船舶的储备浮力通常以干舷的高度来衡量。干舷越大,表示船舶的储备浮力也就越大。为确保船舶航行安全,每艘船舶都必须具有最起码的干舷值。最小干舷值的大小是由船舶的长度、型深、方形系数、上层建筑、舷弦、船舶种类、开口封闭情况以及船舶航行的区带、区域、季节期和航区所决定。

在对于深水油田三用工作船的选型设计时,如果适当增大船体型深以及干舷高度即间接增加型深吃水比 D/d,型深与型吃水比值。该比值大,说明干舷高,储备浮力大,抗沉性好;船舱容积增大,重心升高。不过在设计时,也同样应该考虑长宽比 L/B、宽度吃水比 B/d、船长型深比 L/D、船长吃水比 L/d 等各种船舶船体结构主尺度比之间的关系。

(4) 开放甲板面积以及散装物料的舱容量都较大

由于深海作业海区航程遥远,三用船往返平台和陆地的时间和成本也比较高。为了提高运输效率,新型深水油田三用工作船的甲板面积和散装物料舱容量都要求比传统三用船有所增加。例如,传统三用船的开放甲板面积一般少于 500 m^2,且单位面积载重能力为 5 T/m^2。而新型深水三用船的开放甲板面积则要大于 600 m^2,且单位面积载重能力为 10 T/m^2。燃油装载方面,传统三用船最多能装载 800 t 以下,而新型深水三用船则要求大于 1 000 t。生活淡水方面,传统三用船一般装载量为 600 t 左右,新型深水三用船则要求大于 800 t。钻井用泥浆方面,传统三用船一般装载量为 500 t 以下,新型深水三用船则要求大于 600 t,而且泥浆舱及相应管系及排出泵能够兼装钻井用盐水。另外,为了满足油田钻井作业需求,完善供应散装物料的种类,有些深水三用船还另设有独立的乙醇舱,舱容一般在 100 m^3 左右。

(5) 配套设施要求高:

为了满足大水深海区油田平台的作业需要,对于相应的深水作业三用船甲板机械及其配套也都提出了更高的要求。对于作业海区在 1 500~2 000 m 水深范围的海上浮式钻井平台的移位起抛锚作业,相对应的三用工作船的系柱拖力要求就要超过 200 t,那么主拖缆及工作缆机的选型也要求更高。同样,其相关配套的工作缆机滚筒容量以及工作缆的直径和长度也要相应增大,平台锚链舱的舱容也需要能够容纳超过 1 500 m 长度的平台锚链。

8.6 平台供应船(PSV)

平台供应船,简称 PSV(Platform Supply Vessel),是指专为石油平台服务设计的具有供应、拖拽、抛起锚、救助和守护、对外消防灭火等功能的船舶。

此类船由于其任务不同,而长度从 20 m 到 100 m 不等,宽从 10 m 到 30 m 不等,载重量则一般不高于 5 000 t。海洋平台最主要的任务是为海上开采装置提供各种后勤补给及守护服务。其运输采用甲板堆放和船舱储存的方式,因而此类船具有宽阔的甲板,用于钻井管、钻井工具、脚手架、直升机油箱、化学品、食物和维护设备等的堆放。甲板下的船舱多用于运输散装水泥、重晶石、膨润土、汽油、淡水、盐水及泥浆等物资。而海洋平台的拖曳功能是指具有拖曳钻井平台、钻井架移位、协助穿梭油轮在海上就为装油、拖曳浮筒、采油船、海驳、遇难船只等的能力。抛起锚功能指在风浪流的外部环境下,依靠平台供应船的抛起锚功能来实现海上移动装置的定位需求。当海洋平台和为海洋平台提供服务的其他船只发生意外事故时,海洋平台供应船可为其提供紧急救援,比如搜救落水人员和撤离人员物资等救助。另外由于海洋平台所处易燃易爆的环境下,因而其必须具备一定的对外消防能力。

目前,世界浅海供应船发展较成熟的有北海海域和墨西哥湾作业船舶,特别是挪威、英国、美国等国家的大型近海供应船公司,引领世界供应船发展潮流。相比浅海平台作业,深海平台钻井对近海供应船要求的特点为要求供应船具有较大货物装载能力,保证一个航次载完平台钻井需要的液态货、干散货和其他钻井材料。大部分深海区域离岸较远,供应船补给战线较长,为避免供应船来回穿梭于海上钻井平台和后勤基地间,耽误平台作业进度,也为了节省成本,需要供应船一个航次载完平台钻井所需的所有材料。以中国南海为例,水深在 200~2 000 m 等深线海域在离岸 200 n mile 内,供应船航线需要约 20 h。若开发西沙群岛、南沙群岛等海区的油气资源,供应船航线距离将更远。

平台供应船历经技术上的几代演变,现在已经发展成为设备复杂,使用要求高而本身精干且极具活力的一类大型船舶。第一艘专用海洋平台供应船是美国海事公司在 1955 年建造的。此时的供应船虽然主尺度不大,马力也较小,也没有或只有有限的专用拖曳设备,因而只能在风浪不大的墨西哥湾水域作业,但是已基本形成了现代海洋供应船 PSV 的雏形。20 世纪 60 年代后期由于对欧洲北海油田的勘探开发得到迅速发展,而此时的平台供应船无法满足拖曳移锚等功能,因而挪威、荷兰等国进一步设计出了具有抛起锚、拖曳、供应服务的三用工作船,提高了供应船的适应性。进入 21 世纪以来,随着人类不断地走向深海,海洋油气资源的勘探开发步伐加快,这对海洋平台供应船的功能提出了更高要求。海洋平台供应船的功能日趋多元化,有的平台供应船具有海面油污处理和溢油回收功能,甚至可以进行电缆铺设和水下切割等多种功能。总之海洋平台供应船正朝着载货量大、载货种类齐全和装备更加精良的方向发展。

目前有 1 939 艘 PSV 在世界各地运营。根据克拉克森的数据,截止 2015 年 8 月,PSV 手持订单量共计 276 艘,占 PSV 现有船队(1 525 艘)比例约为 18%。在这之中,有 96% 的在建 PSV 预计于 2016 年交付。

2015 年年初,如图 8.11 所示,大连中远船务为中海油服建造的 9 000 hp 深水供应船(PSV)"海洋石油 661"顺利下水。该船长 85 m,宽 20 m 设计吃水 7.1 m,甲板面积约为 1 000 m²,最大载重量 4 700 t,入级 FF1 消防,并配备无人机舱,动力定位系统为 DP2,适航性与耐波性良好。该船的推进系统为电力推进,而电力系统具有良好的经济性、操纵性、安全性和控制环境污染,降低排放,这是目前亚洲最先进的多功能深水供应船。

图 8.11 海洋石油 661

参 考 文 献

[1] 范时清.海洋地质科学[M].北京:海洋出版社,2004.
[2] 蔡锋.中国近海海洋[M].北京:海洋出版社,2013.
[3] 《海洋石油工程设计指南》编委会.海洋石油工程深水油气田开发技术[M].北京:石油工业出版社,2011.
[4] 周守为.中国海洋工程与科技发展战略研究:海洋能源卷[M].北京:海洋出版社,2014.
[5] 孙丽萍,聂武.海洋工程概论[M].哈尔滨:哈尔滨工程大学出版社,2000.
[6] 马延德.海洋工程装备[M].北京:清华大学出版社,2013.
[7] 王涛,尹宝树,陈兆林.海洋工程[M].济南:山东教育出版社,2004.
[8] 杨永祥.船舶与海洋平台结构[M].北京:国防工业出版社,2008.
[9] 廖谟圣.海洋石油钻采工程技术与装备[M].北京:中国石化出版社,2010.
[10] 赵耕贤.船舶与海洋工程结构设计技术[M].哈尔滨:哈尔滨工程大学出版社,2014.
[11] 焦新华,张福民,张禹,等."海洋石油720"地球物理勘探船设计技术特点分析[J].船舶工程,2015,37(7):10-14.
[12] 周国平.深水地球物理勘探船[J].舰船知识2013(4):91-94.
[13] 郑永炳,唐海波.深水近海供应船的发展趋势[J].大连海事大学学报,2010(36):202-204.
[14] 肖建华,周柏利,王彬.9000HP绿色环保型海洋平台供应船设计与研究[J].船海工程,2014(43):110-114.
[15] 池波,李永富.深水三用工作船动力系统研究[J].船电技术,2013(4):58-61.
[16] 张毅.我国南海深水油田三用工作船投资可行性研究[D].大连:大连海事大学交通运输管理学院,2011.
[17] 顾宇民.海洋工程辅助船市场分析与投资决策指标[J].中国航海,2014,37(4):120-125.
[18] 李源,秦琦,祁斌,等.2015年世界船舶市场评述与2016年展望[J].船舶,2016(1):1-15.
[19] 郭兴乾.3000米水深钻井船总强度预报[D].哈尔滨:哈尔滨工程大学船舶工程学院,2012.
[20] 唐雷.DS公司海洋工程业务发展战略研究[D].大连:大连理工大学管理学院,2014.
[21] 吴家鸣.海上钻井方式的演变与不同类型移动式钻井平台的特点[J].科学技术与工程,2013,13(10):2762-2769.
[22] 周国平.海洋工程装备关键技术和支撑技术分析[J].船舶与海洋工程,2012(1):15-37.
[23] 杨金华.全球深水钻井装置发展及市场现状[J].国际石油经济,2006,14(11):42-45.
[24] 刘祥建.深海钻井船锚泊系统的设计与分析[D].哈尔滨:哈尔滨工程大学船舶工程学院,2009.
[25] 麻翠荣.深水钻井船船型开发及总体性能分析[D].哈尔滨:哈尔滨工程大学船舶工程学院,2010.
[26] 孙采薇.深水钻井船水动力性能研究[D].上海:上海交通大学船舶海洋与建筑工程学

院,2013.

[27] 魏跃峰.浮式钻井生产储油轮(FDPSO)水动力性能及概念设计研究[D].上海:上海交通大学船舶海洋与建筑工程学院,2012.

[28] 左祥昌.深水开发 FDPSO 的设计与分析[D].大连:大连理工大学工程力学系,2011.

[29] 董艳秋.深海采油平台波浪载荷及响应[M].天津:天津大学出版社,2005.

[30] 王兴刚.深海浮式结构物与其系泊缆索的耦合动力分析[M].上海:上海交通大学出版社,2014.

[31] 余建星.深海油气工程[M].天津:天津大学出版社,2010.

[32] 孙巍.深海石油工程装备技术发展现状及展望[J].中外能源,2012,17(9):9-14.

[33] 刘昊,何国雄,李鹏,等.半潜生产平台在南海海域的应用[J].船海工程,2015,44(5):141-144.

[34] 范模.深水半潜式生产平台总体设计思路与应用前景[J].中国海上油气,2012,24(6):54-57.

[35] 杜庆贵,冯玮,时忠民,等.半潜式生产平台发展现状及应用浅析[J].石油矿场机械,2015,44(10):72-78.

[36] 史筱飞.浮动式海洋油气生产平台研究现状与发展[J].机械设计与制造工程,2015,44(11):7-10.

[37] 薄景富.半潜式平台整体水动力与结构强度分析[D].天津:天津大学建筑工程学院,2013.

[38] 陈新权.深海半潜式平台初步设计中的若干关键问题研究[D].上海:上海交通大学船舶海洋与建筑工程学院,2007.

[39] 袁中立,李春.FPSO 的现状与关键技术[J].石油工程建设,2015,31(6):24-29.

[40] 单连政,董本京,刘猛,等.FPSO 技术现状及发展趋势[J].石油矿场机械,2008,37(10):26-30.

[41] 吴家鸣.FPSO 的特点与现状[J].船舶工程,2012,34(S2):1-4.

[42] 甘泉.FPSO 单点系泊监测及预警系统的设计与开发[D].天津:天津大学建筑工程学院,2013.

[43] 张文首.FPSO 软刚臂系泊系统运动分析及减振研究[D].大连:大连理工大学工程力学系,2012.

[44] 黄佳.1500米水深张力腿平台运动和系泊特性数值与试验研究[D].上海:上海交通大学船舶海洋与建筑工程学院,2012.

[45] 李牧.南海张力腿平台优化选型研究[D].天津:天津大学建筑工程学院,2010.

[46] 姚彦龙.三角形张力腿平台运动性能研究[D].哈尔滨:哈尔滨工程大学船舶工程学院,2013.

[47] 赵君龙.深水张力腿平台系泊系统耦合动力分析[D].哈尔滨:哈尔滨工程大学船舶工程学院,2012.

[48] 谷家扬.张力腿平台复杂动力响应及涡激特性研究[D].上海:上海交通大学船舶海洋与建筑工程学院,2013.

[49] 李辉.张力腿平台水动力响应与总体强度研究[D].哈尔滨:哈尔滨工程大学船舶工程学院,2011.

[50] 王军君. Spar 平台波浪载荷计算分析[D]. 大连:大连理工大学船舶工程学院,2011.
[51] 王颖. Spar 平台涡激运动关键特性研究[D]. 上海:上海交通大学船舶海洋与建筑工程学院,2010.
[52] 姜哲. 多学科设计优化在桁架式 Spar 平台概念设计中的应用研究[D]. 上海交通大学船舶海洋与建筑工程学院,2010.
[53] 赵晶瑞. 经典式 Spar 平台非线性耦合动力响应研究[D]. 天津:天津大学建筑工程学院,2010.
[54] 张帆. 深海立柱式平台概念设计及水动力性能研究[D]. 上海:上海交通大学船舶海洋与建筑工程学院,2008.
[55] 甘进. 海上多功能工作平台结构设计关键技术研究[D]. 武汉:武汉理工大学交通学院,2012.
[56] 周振威,孙树民. 深海海洋平台发展综述[J]. 广东造船,2012(3):63-66.
[57] 苗玉坤,赵学峰. 我国海洋石油装备现状及市场前景[J]. 石油矿场机械,2011,40(9):39-32.
[58] 王定亚,丁莉萍. 海洋钻井平台技术现状与发展趋势[J]. 石油机械,2010,38(4):69-72.
[59] 杨立军. 半潜式平台运动性能与参数敏感性分析[D]. 上海:上海交通大学船舶海洋与建筑工程学院,2009.
[60] 白艳彬. 深水半潜式钻井平台总体强度分析及疲劳强度评估[D]. 上海:上海交通大学船舶海洋与建筑工程学院,2010.
[61] 李艳. 南海深水导管架复合式深吃水半潜平台水动力及涡激运动(VIM)特性研究[D]. 上海:上海交通大学船舶海洋与建筑工程学院,2014.
[62] 秦尧. 软刚臂单点系泊 FPSO 动力响应特性研究[D]. 天津:天津大学建筑工程学院,2013.